供热锅炉与系统故障的分析与评述

解鲁生　解　慧　编著

中国建筑工业出版社

图书在版编目（CIP）数据

供热锅炉与系统故障的分析与评述/解鲁生等编著．—北京：中国建筑工业出版社，2006
ISBN 7-112-08397-4

Ⅰ.供... Ⅱ.解... Ⅲ.①集中供热—锅炉—故障诊断 ②供热系统—故障诊断 Ⅳ.TU833

中国版本图书馆CIP数据核字（2006）第060694号

本书包括的主要内容有：锅炉的爆管及爆炸；锅炉出力不足；效率低及运行中的故障；锅炉房辅助设备及系统故障；供热站、换热设备及热计量、管道故障及供热系统设备选材与水质问题等内容。

本书可供从事供热锅炉生产、设计、施工、操作、管理、研究等人员使用，也可供大专院校师生使用。

责任编辑：胡明安
责任设计：赵明霞
责任校对：张景秋　王金珠

供热锅炉与系统故障的分析与评述
解鲁生　解慧　编著

*

中国建筑工业出版社出版、发行（北京西郊百万庄）
新华书店经销
北京永峥印刷有限责任公司制版
北京建筑工业印刷厂印刷

*

开本：850×1168毫米　1/32　印张：7　字数：188千字
2006年9月第一版　2006年9月第一次印刷
印数：1—3000册　定价：15.00元
ISBN 7-112-08397-4
（15061）

版权所有　翻印必究
如有印装质量问题，可寄本社退换
（邮政编码100037）

本社网址：http://www.cabp.com.cn
网上书店：http://www.china-building.com.cn

前　言

一、目的及内容

1. 本书编写的目的

20世纪50年代以前，我国工业生产供汽和城镇采暖供热的设备和技术都很落后，当时大多数的工业企业规模都很小，生产用汽量也很少。因此，锅炉设备容量小而简陋。采暖一般都是各户在居室中设置燃煤炊事炉，热效率低而污染严重。只有少数大城市的个别大楼设置了供本楼采暖的蒸汽锅炉或铸铁锅炉，而这些锅炉很多还是从国外进口的。如：上海就称"蒸汽采暖"为"水汀（Steam）"；东北不少铸铁锅炉来自日本。

20世纪50年代以后，随着工业生产和城镇集中供热的发展，供热设备和技术都迅速地得到提高。特别是近20多年以来的发展与进步更为显著。这些新设备和新技术的采用，使我国供热事业的面貌得到了根本性的改变，这些内容在不少书籍及刊物上都加以总结和报道。

这些成就的取得是主要的。但是，也有一些单位或由于设备存在缺陷，或由于技术运用不良，而发生种种故障。本书所说的"故障"，包含"事故"，也包含影响实际效果的较为重大的缺点。

本书的目的是对这些"故障"加以分析、评述，从正面总结经验，从反面吸取教训，更有利于供热技术的发展。

2. 阐述的内容及范围

本书就供热系统中，从热源（锅炉及锅炉房）、热的输送（管网及换热站）直到热用户所发生的故障为对象进行分析和评述。城镇集中供热的热源，已由锅炉房发展到小型热电站，因此，锅炉不仅涉及低压锅炉，还包含中压锅炉；锅炉给水处理不仅涉及软化，还包含脱盐，但不涉及汽轮机及发电机组。

本书仅对所列的实际案例进行分析、评述。这些案例大部分都是笔者亲身参加调查、分析或提出处理措施的实例，也有个别案例是笔者收集到的，认为较有价值的实例，当然，所列案例并不能涵盖所有发生的事故。

本书仅针对这些案例逐个论述，而不是面面俱到地对城镇集中供热技术进行系统的总结、报道或阐述。

二、编排与撰写

1. 内容的撰写

撰写的方法，是按案例以"就事论事"的方法加以阐述。

首先，介绍设备的型号、参数，设备系统及运行情况，事故发生时的状况及事故的后果。只求将事故的性质、条件及危害的情况加以介绍，文字力求简明扼要。

然后，叙述调查的经过。对调查反映的情况、实地考察的现象、测试和分析的手段及数据等第一手资料，经过整理后全面地加以介绍，因为它是判断事故和提出处理措施的根本依据。原则上只反映实际的情况和测定数据，不进行分析或加入个人主观的臆断。但调查或考察时，调查组内部就有不同看法，应将不同看法同时并列出来。

最后，进行分析评述。它包含：以发生的情况及取得的数据为依据，进行分析论证，判断事故的性质及产生的原因，并提出处理的措施与建议。分析和判断要有依据和逻辑性的论述；

措施与建议要与分析、判断紧密联系。

书中对以下问题进行评述：

（1）分析、判断中必要的理论阐述；

（2）对不同意见及看法的评论，并阐述理由；

（3）对于同类事故，将可能有不同的发生原因或处理措施分别阐述并加以区别；

（4）若同一案例经多次调查分析，对前几次调查结论的评述。

分析与评述是事故调查的精髓，是总结经验、吸取教训的中心内容。

2. 内容的编排

按事故发生的部位、事故的性质或原因划分章节。案例统一编号，一般都不发表事故发生的单位和资料来源。

每个案例的阐述，如前"撰写的方法"所述：首先叙述设备、运行及事故发生的情况；然后叙述调查经过及取得的数据和资料；最后分析、判断和提出处理措施及建议。评述的内容可以穿插在分析、判断或措施之中，也可列在案例的最后。几个案例有相同内容的，或需采用几个案例对比说明的，也可将评述单列一小节来阐述。

事故不同，所需论证的数据和资料不同；事故发生单位具备的条件及手段不同，所能提供的数据及资料差异很大；需评述的内容，众所周知的可以不述或简述，鲜为人知的要较详细阐述……由于上述原因。不强求每一个案例，或每节内容的篇幅都一致或相近，而采用需要多述的占较长的篇幅，简洁可以说明的即不必冗长。一般一个标题下，阐述一个案例；但相同或相近的案例，也有编在一个小标题内的。

设备材质选用不当和系统水质不良，是造成一些故障带有共性的问题，并且在认识上还有分歧。因此在全书最后单列了两节综合阐述探讨。

为了便于查阅，最后按案例序号顺序给出"案例索引"。

三、编写的分工及致谢

1. 编写的分工

全部内容由两位编写人，按谁参加调查或对内容较熟悉的实例，由谁编写的原则分工编写。但也有所侧重，解鲁生侧重供热锅炉设备方面的编写；解慧侧重于供热系统方面的编写。最后由解鲁生统稿。

2. 致谢

编写过程中清华大学蔡启林、石兆玉两位教授；中国城镇供热协会技术委员会主任委员助理汤崚工程师；东营胜利油田胜中社区热力管理中心朱铁军经理和赵猛工程师；青岛恒源热电有限公司薛智亮工程师及卢志英工程师等提供了资料、在调研中予以协助和指导。在此，向这些同志表示衷心感谢。

编者
2006 年 3 月

目 录

第一章 锅炉的爆管及爆炸 ………………………………… 1
1.1 因水质不良而引起的爆管 ………………………… 1
1.1.1 水冷壁爆管及其爆口分析 …………………… 1
1.1.2 水质管理不善造成大面积水冷壁爆管 ……… 6
1.1.3 水冷壁管的氢损坏 …………………………… 10
1.2 由于水循环不良引起的爆管事故 ………………… 22
1.2.1 水循环设计不当锅炉多次爆管 ……………… 22
1.2.2 常见水循环部位不良的爆管 ………………… 29
1.2.3 低温直供系统采用自然循环热水锅炉 ……… 32
1.3 间供热水锅炉用于直供系统造成的爆管 ………… 35
1.4 过热器的爆管及吹灰引起的管子磨损 …………… 40
1.4.1 过热器的堵塞爆管 …………………………… 40
1.4.2 吹灰引起的管子磨损 ………………………… 45
1.5 锅炉的爆炸事故 …………………………………… 45
1.5.1 苛性脆化引起的锅炉爆炸事故 ……………… 45
1.5.2 一场未遂的锅炉爆炸事故 …………………… 48

第二章 锅炉出力不足、效率低及运行中的故障 ………… 50
2.1 锅炉出力不足及效率低 …………………………… 50
2.1.1 热水锅炉由于水流阻力和空气预热器堵灰、
漏风影响出力 ………………………………… 50
2.1.2 全面测试分析改进提高锅炉出力和效率 …… 53
2.2 盲目采用分层燃烧技术的负效应 ………………… 64

2.2.1　分层燃烧是链条锅炉提高出力和热效率的有效措施 …… 64
　　2.2.2　采用分层燃烧加剧了炉排片烧毁的故障 …………… 65
　　2.2.3　采用分层燃烧增高了灰渣的含碳量 ………………… 66
　　2.2.4　安装分层燃烧装置，不要将侧墙水冷壁下联箱的
　　　　　死水区暴露在炉膛内 ………………………………… 69
2.3　高原地区送、引风机风量、风压及功率的修正 ………… 69
2.4　煤粉炉严重结焦 ………………………………………… 73
2.5　循环流化床锅炉的严重磨损 …………………………… 75
2.6　锅炉汽水共腾事故 ……………………………………… 76
　　2.6.1　炉水发沫及汽水共腾的危害及处理 ………………… 76
　　2.6.2　热电厂锅炉的发沫和汽水共腾事故 ………………… 77
　　2.6.3　供热锅炉的发沫及汽水共腾事故 …………………… 79
　　2.6.4　炉水碱度和含盐量与炉水发沫关系的探讨 ………… 81
　　2.6.5　并炉时发生的汽水共腾 ……………………………… 86
2.7　AZD20-13-A型锅炉烟尘超标 ………………………… 87
2.8　水煤浆锅炉用炉内脱硫试验失败的分析 ……………… 94
第三章　锅炉房辅助设备及系统故障 ………………………… 97
3.1　给水软化防垢设备 ……………………………………… 97
　　3.1.1　钠离子交换器的过滤速度 …………………………… 97
　　3.1.2　钠离子交换器的还原液浓度 ………………………… 98
　　3.1.3　阳树脂的"铁中毒"及交换器的内壁防腐 …………… 99
　　3.1.4　锅内加药锅炉入口结垢的消除 …………………… 102
3.2　反渗透脱盐装置的故障与争议 ………………………… 103
　　3.2.1　反渗透膜的堵塞与破损 …………………………… 103
　　3.2.2　膜组件排列组合不当的事故 ……………………… 109
　　3.2.3　反渗透精处理系统选择的争议 …………………… 111
3.3　给水除氧的故障 ………………………………………… 114
　　3.3.1　加亚硫酸钠除氧效果的改进 ……………………… 114

  3.3.2 加装热力除氧器导致铸铁省煤器爆管事故 …………… 115

  3.3.3 射流真空除氧的低位设置问题 ………………………… 116

  3.3.4 还原铁粉过滤除氧出水不能达标的原因 ……………… 119

 3.4 碎煤机出力达不到要求的问题 ……………………………… 120

 3.5 水力除灰渣系统的故障 ……………………………………… 122

  3.5.1 由于设计不当而造成的水力除渣故障 ………………… 122

  3.5.2 水力除灰的管道腐蚀问题 ……………………………… 124

第四章 供热站、换热设备及热计量 ……………………… 126

 4.1 供热站的供热故障 …………………………………………… 126

  4.1.1 定压控制方法不当引起的故障 ………………………… 126

  4.1.2 供热方式不合理引起的故障及锅炉煤耗高问题 ……… 128

  4.1.3 由于管网漏损和供水温度变化引起的故障 …………… 131

 4.2 供热站运行调节的故障 ……………………………………… 133

  4.2.1 循环水泵超负荷运行的故障 …………………………… 133

  4.2.2 首站循环水泵蝶阀调节的故障 ………………………… 134

  4.2.3 首站调节换热器蒸汽流量发生噪声 …………………… 135

 4.3 换热器的故障 ………………………………………………… 136

  4.3.1 板式换热器的堵塞与受热 ……………………………… 136

  4.3.2 管壳式换热器的流体诱发振动破坏 …………………… 138

  4.3.3 波节管换热器的流体诱发振动破坏 …………………… 141

  4.3.4 首站换热器的磨损及腐蚀 ……………………………… 143

  4.3.5 换热器二次网出水温度过低 …………………………… 145

 4.4 散热器的选用及腐蚀 ………………………………………… 147

  4.4.1 散热器的散热面积与散热量 …………………………… 147

  4.4.2 散热器的材质与腐蚀 …………………………………… 148

 4.5 热、流量计的故障 …………………………………………… 150

  4.5.1 热、流量计安装未能满足直线管段长度的要求 ……… 150

  4.5.2 压差式流量计引压管的故障 …………………………… 152

4.5.3 热量表热量计算基础的差异 …………………………………… 153

第五章 管道故障及供热系统设备选材与水质问题 ……… 155

5.1 管道的泄漏与腐蚀 ……………………………………………… 155
  5.1.1 管道系统泄漏事故 ………………………………………… 155
  5.1.2 管道堵塞引起热水锅炉汽化 ……………………………… 156
  5.1.3 塑套钢直埋管的泄漏 ……………………………………… 157
  5.1.4 钢套钢直埋管的腐蚀 ……………………………………… 158
  5.1.5 凝结水管的防腐与铁污染防治 …………………………… 160

5.2 补偿器的损坏事故 ……………………………………………… 163
  5.2.1 套筒式补偿器泄漏及锈死事故 …………………………… 163
  5.2.2 波纹管补偿器的应力腐蚀开裂事故 ……………………… 165
  5.2.3 波纹管补偿器损坏原因的争议 …………………………… 172
  5.2.4 波纹管补偿器的应变时效损坏 …………………………… 173

5.3 供热设备的选材问题 …………………………………………… 175
  5.3.1 不锈钢和铜合金在换热器上的应用 ……………………… 177
  5.3.2 不锈钢材的选择 …………………………………………… 182
  5.3.3 316L 不锈钢镍含量在国标与 ASTM 标准中的差异 …… 194
  5.3.4 薄壁不锈钢的强度问题 …………………………………… 197

5.4 供热系统的水质 ………………………………………………… 199
  5.4.1 供热管网的竣工清洗 ……………………………………… 199
  5.4.2 供热系统的水质问题 ……………………………………… 200

案例索引 ……………………………………………………………… 205

主要参考文献 ………………………………………………………… 212

第一章 锅炉的爆管及爆炸

1.1 因水质不良而引起的爆管

1.1.1 水冷壁爆管及其爆口分析

【例1】某锅炉水冷壁管爆破,其爆口形状如图1-1所示,破口呈喇叭形撕裂,断面锐利减薄,外壁没有氧化皮。破口处管子胀粗较大。对爆口管及邻近未爆破的管子都取样进行机械性能试验,其结果如表1-1所示。

爆口管及邻近管的机械试验结果 表1-1

项 目	单 位	爆 破 管		邻 近 管	
		火焰侧	炉墙侧	火焰侧	炉墙侧
抗拉强度	MPa	539	510	462	484
屈状点	MPa	—	373	341	369
延伸率	%	1.040	302	369	343

对事故的分析有两种不同的看法:一种看法,认为造成爆管的原因,应视为是由于腐蚀和结垢,短期过热而爆管;另一种看法,认为造成破管的原因,应视为是由于热偏差、水动力偏差,长期过热而爆管。两种看法的爆口都呈喇叭形,故难以区分。

长期过热而爆管,外皮会出现氧化皮。而短期过热而严重鼓疱开裂时,裂口处的四周被汽水急速冷却,产生淬火效果,所以材质变硬，因而断口锐利变薄；爆破管的抗拉强度大于未爆破的邻近管，比邻近管高17%；爆破管火焰侧的抗拉强度，反比炉墙侧高5.7%；爆破管火焰侧的延伸率大幅度降低。从而断定其隐患主要来自结垢和腐蚀，而不是由于热偏差和水动力偏差，所以，应进一步对产生结垢和腐蚀的原因，有针对性地采取措施。

【例2】某厂6.5t/h煤粉炉系由K_4-13锅炉改装而成，投产使用三年半发生上升管腐蚀穿孔事故，其部位在29根顶棚管的中部管子，在管子上端弯管处是腐蚀最严重的部位，如图1-2所示。

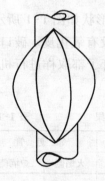 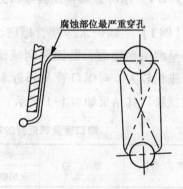

图1-1　管爆口形状　　　　　　图1-2　腐蚀穿孔严重部位

事故发生后厂方十分重视，不仅召开事故分析会，还邀请了研究所、高等院校及有关工厂等11家单位召开会诊会议；不仅到现场实地观察，还将被腐蚀的管段进行剖管，测量破口处管子壁厚；金相分析；炉水分析；腐蚀产物的分析等。分析确定了腐蚀的原因及主要因素，提出了防止措施。

（1）剖管管壁厚度测量，原$\phi51×3$的钢管，腐蚀后最大内径为45.62mm，而最小内径为45.02mm；最大外径为50.70mm，最小外径为48.90mm。很明显，管子内部及外部都被腐蚀。管内腐蚀最严重的地方,壁厚减薄了 0.31mm;腐蚀最轻的地方,壁厚减薄了 0.01mm。管外腐蚀最严重的地方,壁厚减薄了 1.05mm;腐蚀最轻的地方,壁厚减薄了 0.35mm,外部腐蚀比内部腐蚀严重。

(2) 钢管金相分析的结果是三个样品的晶粒都是 7~8 级,属于正常范围。这说明钢管的晶粒度没有粗大,钢管没有过热和淬火现象。

(3) 管外腐蚀产物为棕黑色、疏松、夹有黄色物质。经分析含有:

$FeSO_4 \cdot 4H_2O$;

$FeO \cdot SO_3 \cdot 7H_2O$(水绿矾);

$3Fe_2O_3 \cdot 4SO_3 \cdot 7H_2O$(草黄铁矾)。

其中以 $FeSO_4 \cdot 4H_2O$ 为主。

腐蚀产物全硫含量为 40%。

黑色颗粒,在伦琴射线下呈非晶质性(即无谱线)。经显微镜观察验证确实为煤,并含有黄铁矿(FeS_2)。

将腐蚀产物加入酸液后,并无明显的 H_2S 气味,这说明硫化亚铁型腐蚀不是主要的。

(4) 所用的煤为烟煤掺烧大量劣质石煤,石煤中含硫量为 3.4%,含灰量为 77.26%。

(5) 管内腐蚀产物及垢呈棕红色,加酸液有气体放出。成分分析以 $CaCO_3$(方介石)为主,夹杂有 Fe_2O_3(赤铁矿)和 $Ca_{10}(PO_4)_6(CO_3)$(碳酸磷灰石)。

(6) 锅炉运行不正常,近一年多每天停烧三次,甚至停炉时间更长,加上星期天停炉,压力常降至零,停炉长达 14h 左右,冷炉状态反复出现。运行时炉内过剩空气系数较高,为 1.74,压力一般在 0.5MPa 左右,有时低于 0.5MPa。

(7) 锅水中含 CO_2 及 Cl^- 离子浓度较高。

根据以上观察及分析、测定情况，认为：

（1）管外腐蚀比管内腐蚀严重得多，它是造成腐蚀穿孔的主要原因。管外腐蚀壁厚减薄最严重的地方大约是管内腐蚀最严重地方的3.4倍；最小也为1.5倍。管外腐蚀最严重的地方壁厚仅1.68mm，减薄了56%。

（2）管外腐蚀的主要原因是SO_3形成的硫酸腐蚀。由于燃用煤中含硫量高，主要形成为黄铁矿（FeS_2），燃烧时发生反应，生成SO_2：

$$4FeS_2 + 11O_2 \xrightarrow{400 \sim 800℃} 2Fe_2O_3 + 8SO_2 \uparrow$$

在Fe_2O_3等灰分催化下：

$$2SO_2 + O_2 \xleftrightarrow{400 \sim 500℃} 2SO_3$$

烟气中的SO_3与水蒸气结合成硫酸蒸气：

$$SO_3 + H_2O \longrightarrow H_2SO_4$$

促使管外腐蚀的影响因素有：

a）顶棚管上端弯管处是烟气流动的死角，容易积灰，而粘结的灰粒常是燃烧很不完全，内含有尚未来得及分解氧化的黄铁矿（FeS_2）。

b）锅炉运行不正常，启、停较频繁，造成煤不能得到充分燃烧，同时冷空气不断进入炉膛，而且过剩空气系数较大，增加了炉膛里烟气的湿度并降低了温度。

c）烟气中SO_3和H_2SO_4蒸气含量增高后，会提高烟气的露点温度。当壁温低于酸的露点时，凝结成的酸液附着在管壁的积灰上更容易引起腐蚀。

d）锅炉运行压力较低，仅在0.5MPa以下，此时管内蒸汽温度在160℃以下，相应管壁温度也较低。

（3）管内腐蚀的主要原因是氧和CO_2的存在而造成的电化学腐蚀。

钢管内壁由于弯管存在内应力和被水垢等物质覆盖，而引起电位差。形成阳极的铁失去两个电子而成为 Fe^{2+}。锅水中的溶解氧的存在，产生下列反应：

$$O_2 + 2H_2O + 4e \longrightarrow 4OH^-$$

OH^- 与铁作用生成氢氧化亚铁：

$$Fe^{2+} + 2OH^- \longrightarrow Fe(OH)_2 \downarrow$$

氢氧化亚铁继续氧化成氢氧化铁，构成铁锈：

$$4Fe(OH)_2 + O_2 + 2H_2O \longrightarrow 4Fe(OH)_3 \downarrow$$

由于锅水中含 CO_2 及 Cl^- 离子浓度较高，加速了上述腐蚀。特别是在弯管部位受流速很高形成湍流和沸腾的水和水蒸气的冲击，加速阳极的腐蚀。

(4) 除上述而外，在弯管处引起管外及管内腐蚀的因素还有：

a) 弯管的机械加工，使钢管内侧管壁增厚，而外侧管壁拉薄，钢管的内应力成倍地加速腐蚀。

b) 由于经常停炉与开炉，弯管部位的夹角处受到热胀冷缩形成的交变拉伸与压缩应力，而产生腐蚀性疲劳，加速了这个部位的腐蚀。

根据以上的分析与判断，提出以下的改善措施：

(1) 防止管外腐蚀的措施

a) 改善煤的品种，采用含硫量较低的煤。若仍必须用现在的煤质，可考虑在煤中添加适量的石灰石粉，使烟气中 SO_2、SO_3 浓度减少。但要注意加石灰石粉后，有可能会降低灰的熔点。

b) 改进炉子结构，提高炉膛温度，堵住烟气死角部位，避免或减少烟灰的粘附。

c) 改善炉子运行的工况，减少停炉次数保护炉子的工作压力，减小过剩空气系数。

d) 停炉期间关闭灰门、烟道门，减少冷空气进入炉内。

(2) 防止管内腐蚀的措施

a) 装置给水除氧设备。

b) 加强给水处理和锅水排污,降低锅水 CO_2 及 Cl^- 离子浓度控制锅水 pH 值在 10~12。

c) 通过试验研究,适当向锅内添加证实可靠无害的去极化剂或缓蚀剂。

从【例1】及【例2】可以看出:

由于水质不良结垢或腐蚀而形成的爆管,都先有一个管壁变薄的过程。管内结垢时,结垢的部位热阻显著增加,这部分管段得不到管内的水或汽水混合物的冷却,壁温升高,应力下降而鼓疱。管内或管外仅产生腐蚀时,主要是由于管内、外被腐蚀而减薄,减薄后也会由于应力下降而鼓疱,但是鼓疱的程度较轻,而且通常是先穿孔而不是爆裂。但是一般常是结垢伴随着腐蚀同时产生的,管内积存的是垢和腐蚀产物的混合物。因此,爆口一般都是骤然爆破而被急速冷却,变成锐利而质硬。

鼓疱的部位是管子弯曲处,或管内水循环最不利、管内流速较低的管段,这些部位最易沉积垢、渣或积灰。管外,则是受热强度最大的部位,这些部位过热程度最大。

1.1.2 水质管理不善造成大面积水冷壁爆管

【例3】某县的供热公司所属热电厂,原为锅炉供热。以后逐年分期建立小型热电机组,分期拆除供热锅炉。最后成为具有 4 台 35t/h 中压锅炉。6000kW 汽轮发电机 1 台和 3000kW 汽轮发电机 2 台的小型热电厂。换热站建在厂内,其机组和换热器的冷凝水直接返回锅炉。水处理采用阴阳离子交换单极除盐,并向锅内加磷酸三钠,大气式热力除氧。

运行 1~2 年后,最早建立的 1 号锅炉发生爆管,随即更换了三十几根水冷壁管。锅炉是链条炉反转炉排,Π 型装置的水冷壁锅炉，其蒸发受热面全部为辐射换热，仅省煤器为对流蒸发受热面。Π型装置的过桥处放置过热器，Π型装置的后部为钢管省煤器及空气预热器。

爆管位置在炉膛中部火焰最旺处的两侧水冷壁，距炉排高约为1~2m处。其他的侧墙水冷壁管虽然未爆裂，不少根也鼓疱严重变形。

在换管前，曾发现换热器有个别管子破裂，使未经处理的热网水渗入冷凝水的现象。

该厂的生水质量很差，据说硬度和氯根含量都很高，调查当时未能取得生水水质的分析数据。

该厂水处理工技术水平较差，除盐水、锅水等的水质都不稳定，如除盐水的电导率个别时间超过25μs/cm。表1-2及表1-3分别为从其运行记录中，摘取有代表性的水质数据。

某月26日水质报告表（1号炉停运）　　　表1-2

炉号	给水				饱和蒸汽	饱和蒸汽	锅水		
	电导率（μs/cm）	pH	硬度（mmol/L）	溶解氧（μg/L）	电导率（μs/cm）	电导率（μs/cm）	电导率（μs/cm）	pH	PO_4^{3-}（mg/L）
2号					2.0	2.3	110	10.7	9
3号	12	8.5	0	0	1.8		100	10.6	11
4号	6.4	7.7	0	0	2.4	2.0	100	10.6	8

某月8日至16日水质报告表　　　表1-3

日期	凝结水						除盐水			
	电导率（μs/cm）		pH		硬度（mmol/L）		电导率（μs/cm）		pH	硬度（mmol/L）
	上午	下午	上午	下午	上午	下午	上午	下午	上午	下午
8日	26	10.5	8.8	8.8	0	0	25	9.1	11.3	9.6	0	0
9日	4.9	7.6	7.6	8.3	0	0	6.7	8.9	8.2	8.6	0	0

续表

日期	凝结水						除盐水					
	电导率 (μs/cm)		pH		硬度 (mmol/L)		电导率 (μs/cm)		pH		硬度 (mmol/L)	
	上午	下午	上午	下午	上午	下午	上午	下午	上午	下午	上午	下午
10日	3.2	3.2	7.0	6.9	0	0	2.8	6.8	6.5	6.8	0	0
11日	5.1	5.4	7.8	7.1	0	0	4.6	6.7	9.3	5.6	0	0
12日	3.2		7.3		0		4.8		6.8		0	
13日												
14日	4.4	3.6	7.2	6.7	0	0	5.2	4.8	6.0	5.7	0	0
15日	14	5.2	7.5	7.2	0	0	14	5.9	6.1	7.1	0	0
16日	20	4.4	8.1	5.8	0	0	18.5	9.7	6.9	5.2	0	0

注：某月12日为星期六，下午无数据；某月13日为星期日，全天无数据。

除氧器水温一般正常可达104℃，也有不少时间达不到104℃，甚至仅达90℃左右。

换管时曾将爆管处割取短管作为样品。观察样品可见爆管处管子鼓胀起疱，鼓疱最大处有爆破小孔。管内结垢约1~1.5mm厚，分为两层。靠管壁的一层为灰白色，约0.5mm厚；里面一层为红色。将管子切开并在盐酸中酸洗后，红色的一层全被洗掉，而紧密的灰白色结垢却没有被酸洗掉。

锅炉换管的两个月以前发现其首站的换热器有几根管子破裂。厂方认为1号锅炉大面积的水冷壁事故，其主要原因是由于换热器破管影响水质而造成。换热器制造厂家认为锅炉爆管的主要原因不是少数换热器管子破裂造成的，而应当从热电厂本身的水质管理不善去考虑。两家争议难以判断，故进行仲裁式调查。调查时1号炉已换完管子投入运行；换热器的破裂管也已更换。表1-2及表1-3所列的水质报表，都为恢复正常运行后的数据。

经调查分析,调查组认为:

(1) 锅炉爆管是由于水质不良造成的,这是一致的认识。

(2) 管内的沉积物主要不是钙、镁盐硬度形成的垢而是以硅酸盐垢和腐蚀产物为主。这从颜色和爆管样品的盐酸清洗可以说明:管内层红色为腐蚀产物,盐酸一洗就消失;靠管壁的一层灰白色,盐酸清洗没洗掉,断定应是硅酸盐垢。若为钙、镁盐垢盐酸是可以洗掉的。

1号炉是水冷壁锅炉,即蒸发受热面没有对流受热面,全部是水冷壁形成的辐射受热面。省煤器是由对多次弯转的直径比水冷壁管细得多的管束组成。省煤器外的烟气温度比一般其他型式锅炉的省煤器要高得多。若为钙、镁盐硬度,首先在省煤器中就应有部分垢形成,可是省煤器却没有发生类似事故。这也可以间接的证实垢型。

(3) 当时换热器使用仅三个多月,从发现换热器破管至锅炉爆管仅约20天左右。在这样短短的时间里是否会由于换热器几根管子破裂热网水漏入冷凝水中而产生如此大的影响?而且漏入自来水后,水质恶化,硬度应是最主要的影响,但又未见钢管省煤器发生事故。该热电厂在1号锅炉爆管前,对全厂冷凝水不作任何监测与控制,提不出换热器破管前、后冷凝水水质的数据。

一般都认为这些沉积物必然应是长期累计的结果。大面积爆管事故发生在最早运行的1号炉;2号炉及3号炉也发生过个别管子爆破;而运行时间最短的4号炉就没有发生过类似的事故,这也可说明不是短期少量冷却水水质不良造成的。

1号炉修复后,全厂对水质加强了监测,对凝结水也进行了监测,并将各种水质的标准修订得更加严格,从表1-2及表1-3作为运行正常数据而提供的水质报表中也可以看出。

一级除盐水电导率国标规定≤5μs/cm,该厂没有补给水标准，只有给水标准，无电导率标准。而从表1-3可以看出，除盐水电导率15次测定数据中只有4个数据为2.8~4.8μs/cm达标外，其余11个数据都超标，有9个数据为5.2~9.7μs/cm，最高竟达18.5μs/cm和25μs/cm，而SiO_2无标准，也不控制。

给水缺溶解氧的数据，观察大气式热力除氧器水温表有时可达104℃，常常低于100℃。给水pH值厂标与国标一致为8.5~9.2，但表1-2中某月26日4号炉的给水为7.7。表1-3中除盐水pH值15个数据中有9个数据小于7，最低达5.2。这样的水质，生成硅酸盐和腐蚀的可能性是完全存在的。

热电厂方同意调查组的结论，并按此对水处理的管理工作进行了整改。

1.1.3 水冷壁管的氢损坏

氢损坏，或称因"氢脆"而爆管，其机理及爆口情况与1.1.1节及1.1.2节所述不同，以下介绍的【例4】是氢损坏的典型案例。

1.1.3.1 某电厂6号锅炉设备及爆管概况

【例4】某电厂6号锅炉为高压发电锅炉，投产后降压作为中压锅炉运行三年大修后开始高压运行发电。从该年2月至12月20日运行10个月，水冷壁管12次爆管，共爆管20根。其爆口有11根是在管子表面的基本金属上，有9根是在管子的焊口部位。在基本金属上的爆口，主要在标高12m以下；在焊口部位的爆口，大多都在标高12m以上，最高达22m，并且都发生在15次爆管中的第7次以后。

6号锅炉的主要参数如下：

蒸汽量   220t/h

过热蒸汽压力   10MPa

过热蒸汽温度	540℃
饱和蒸汽压力	11.2MPa
饱和蒸汽温度	310℃
给水温度	215℃
水冷壁管直径	$\phi 60 \times 5$
前、后墙水冷壁	每侧 148 根（共 296 根）；材质为 20 号钢
左、右侧墙水冷壁	每侧 117 根（共 234 根）；材质为 St45.8 钢

炉膛呈长方形，炉宽长于炉深。有 4 台 $\phi1600 \times 600$ 风扇。炉膛布置为四角喷燃，每个燃烧器有四个一次风嘴、三个二次风口。点火时用四角轻油枪。

燃用鹤壁煤，低位发热量 24700kJ/kg；灰分 18.22% 左右。

1.1.3.2 6 号锅炉运行情况调查

6 号锅炉可以分为投运前；降压运行期间；高压运行第 1~5 次爆管期间；高压运行第 6 次爆管以后等 4 个阶段。各阶段情况调查如下：

（1）投运前情况

此台锅炉生产出厂后当年购入进电厂，第三年由电厂自己组织安装，将零件包装全部打开，管头打磨，切了坡口，但未能安装就一直放置在露天。又过了两年，到了第五年重新组织安装，于当年 7 月安装结束投运。设备从进厂到安装，放置时间较长，并将零件开包后露天放置未加保护。因此，安装时设备腐蚀就严重，先天造成隐患。

（2）降压运行期间情况

从第五年 7 月 1 日投运后，至第八年 9 月停炉大修前，这三年多，6 号炉都是降为中压运行。锅炉给水为中压机组的凝结水；补给水为软化水。水处理系统为：

石灰处理—凝聚—澄清—过滤—钠离子交换

水处理的管理很不好。降压投运以来取样器的冷却水未解决，取样不正常。如第七年连续中断10个月不能取样；第九年44%的运行时间不能取样。直到第九年，6号炉给水含铁量都一贯严重超标。

第六年至第八年，近三年锅炉严重结焦，因而多次停炉。最严重的一次用炸药炸焦，而对管材金属和焊口产生不良影响。

降压运行的三年多时间6号炉大修、小修、临时检修共达24次之多。

(3) 高压运行最初两个月的情况

第八年9月停炉大修后，于第十年2月开始高压运行。第十年（高压运行第一年）2月至3月22日，这两个月来爆管5次，共爆5根水冷壁管，爆口都在标高7~11m范围内管子的基本金属上，如图1-3所示。

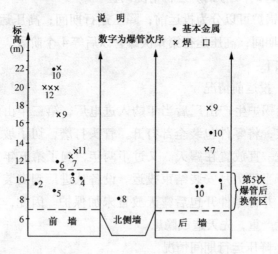

图1-3 水冷壁爆管位置示意图

图1-3为高压运行后12次（20根）水冷壁的爆管位置图。

图中所注数字为爆管次序。

2月16日第一次爆管的爆口边缘锋利,无附着物,属于短期过热而爆破。

3月1日至22日为第2~5次爆管的爆口如图1-4的照片所示:爆口粗钝,周围无明显胀粗现象。内壁均有垢下腐蚀,腐蚀坑深达2~3mm,爆口管壁最薄处只剩2mm。在腐蚀坑内存有暗灰色的脆化层,与管壁分离。沿腐蚀坑周围用肉眼可观察到细小纹路。

图1-4 第2~5次爆管后爆口

靠近喷燃器上下(标高10m以下)和冷灰斗的斜坡管段的前后水冷壁,有22根管鼓疱变形。其中过去已腐蚀穿孔,后用焊条堆焊补漏的管子,向火侧内部管壁腐蚀都很严重:铁垢下有大片均匀的腐蚀坑,深度有1~2mm;焊疤处腐蚀坑深有的达到3~4mm。在焊补处有大量铁垢,也夹杂有部分白色水垢及纤维状(似为石棉纤维)物质。垢的层次为:

管壁—金属状铁—白色水垢—红色氧化铁层—软纤维。

一般的管段,在背火侧有一层均匀致密的氧化铁垢;有的在向火侧的管壁上,可以看到长30~40mm,宽10~20mm的贝壳状腐蚀产物。

管内垢的化学成分,主要为氧化铁:R_2O_3 占70%~80%;Fe_2O_3 占60%~70%;SiO_2 占5%~11%;CaO 占5%~6%。向火侧的垢量远比背火侧的垢量多。曾用"刮垢法"粗略测量,背火侧垢量为85g/m^2;向火侧垢量为497.5g/m^2,约为背火侧的5.8倍。

对爆管管段的基本金属进行成分分析结果说明,其成分仍符合材质标准。

从第5次爆管的爆口下取700mm长的一段管子,进行背火侧及向火侧机械性能的对比试验,其结果如表1-4所示。

背火侧及向火侧机械性能　　　表1-4

侧　别	抗拉强度（MPa）	延伸率（%）
背火侧	433	33.60
向火侧	306	7.25

从表1-4中可以看出,向火侧的抗拉强度σ_b比背火侧降低29.3%,而向火侧的延伸率δ比背火侧降低78.4%。

对未爆破的管子和爆口中间边缘的管段,都进行了金相试验。未爆破的管子其背火侧及向火侧的金相组织均为铁素铁+球光体,如图1-5所示。而爆破管爆口中间边缘和端部的试件,在苦味酸酒精浸蚀前,内壁表面均可见有微细裂纹;浸蚀后,可见有明显的脱碳层,脱碳现象自管子内壁向外壁,由明显到不明显。裂纹是沿铁素铁和球光体晶界间向内部延伸,在较高倍数下观察,这些裂纹的脱碳现象虽然不太完全,但也能看到,如图1-6所示。

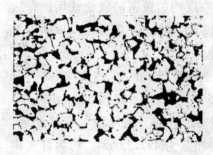

图1-5　正常组织:铁素铁+球光体　　　图1-6　裂纹经过的球光体
　　　　　　　　　　　　　　　　　　　　　　　边缘附近脱碳现象

这段时期虽然化学水处理改为一级除盐加混床，但设备基建安装不完全，未经调试就投入运行，处于"临时凑合状态"。由于水处理设备不正常，长期送酸性水，除盐水母管最低pH值达3.0。例如：2月16日至24日连续送酸性水（pH＜6）；2月份除盐水供分析水样182次，有49次是送酸性水，占分析次数的27%；3月份更为严重送酸性水的分析次数占分析总次数的32%。

(4) 高压运行当年6月至年末的情况

高压运行当年3月份第5次爆管后，4~5月份进行大修换管296根。5月11日又进行盐酸酸洗，采用浓度为2%~3.5%，温度为30~40℃的盐酸，浸泡在标高17m以下。由于所用盐酸浓度太低，酸洗效果很差，不仅垢未彻底除去，反而带来促进沿晶裂纹继续发展的不良后果。酸洗后不久，6月6日又发生第6次爆管。

从6月6日至12月20日不到半年时间又发生7次爆管，共爆管15根，其中第7次及第9次，每次爆管2根；第10次爆管5根；第12次爆管3根。所爆15根管中，除6根管子的爆口位置在管子的基本金属上而外，其余9根管子的爆口都在管子的焊口上。除了有3根管子的标高在标高为11m以下，其余12根爆管的标高都在11m以上，最高达22m。不难看出，爆管的现象不但没有抑制，而且还在发展。

第6、7及11次爆管，管子爆破后，金属整块飞去，只留下一个φ50左右的孔洞，孔洞周围金属不变形，在管内壁可见到有垢和垢下腐蚀坑。其形状如图1-7的照片所示。

第9、10及12次爆管位置偏高，都在15m标高以上。在焊

图1-7 第6、7、11次爆管的爆口

口上的爆口，其焊口处产生周向裂纹，如图 1-8 中的照片（a）所示。将管子破开后，可以看到，焊口处管内有垢及垢下腐蚀坑，如图 1-8 中的照片（b）所示。

（a）焊口裂纹　　　　　　　　　　（b）焊口内部情况

图 1-8　焊口裂纹　焊口内部情况

对第 11 次爆管的管子也进行了金相试验，其结果也是有明显的脱碳现象，并将试样进行显微观察，基本上可以把试样由内向外分为 4 层，如图 1-9 所示：第一层是暗灰色的 Fe_3O_4，它不被苦味酸溶液浸蚀，较致密而脆，为腐蚀氧化层；第二层裂纹明显，裂纹内有灰色腐蚀填充物；第三层具有比第二层更细的沿晶界裂纹。第二层及第三层为脱碳层。第四层为无明显脱碳的本体金属，其组织为铁素铁 + 球光体。

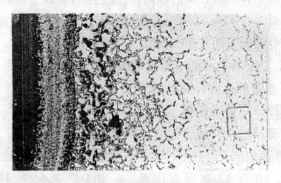

图 1-9　分层现象的宏观照片（放大 200×）

未爆破管子的焊缝，其金相组织也是铁素铁+球光体，但与未爆破管子基本金属不同，焊缝的正常金相组织是具有方向性的铁素铁+球光体，即所谓的"魏氏组织"，如图1-10照片所示。

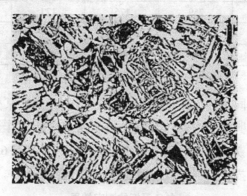

图1-10 焊缝的魏氏组织

为了了解管子内壁裂纹中灰色填充物的成分和爆口附近铁垢层的白色污垢的成分，对第11次爆管腐蚀坑的金相磨面进行电子探针测定（测试条件：25kV；0.02μA；10s计数），将其元素成分进行定量分析。

从裂纹中取了三个部位及基体的试样；对灰色填充物成分的半定量分析结果列于表1-5。

裂纹中灰色填充物成分　　　　　表1-5

元素＼部位	裂纹			基体
	1	2	3	
Cu	2560	91714	1439	1950
S	162	5094	124	110
O_2	537	490	1113	50
Fe	91144	139904	70804	305769

续表

元素＼部位	裂纹 1	裂纹 2	裂纹 3	基体
Cl	421	101	130	137
Na	259	176	173	209
Ca	1534	838	794	459
P	2714	44	924	67

部位不同各种元素的含量不同。有的元素在某处有局部偏析。从而说明裂纹内的填充物是由于腐蚀介质的作用而生成的腐蚀产物。铁垢层的白色污垢的测定结果列于表 1-6。另外，经电子探针扫描，发现断口局部地区有 Cl^- 富集。

白色污垢的测定结果　　　　　表 1-6

元素	S	Cu	Ca	Sn	O_2
白色污垢	3931	145267	46812	27042	1403
本底	60	2053	77	100	30
分布	整片	颗粒	整片	颗粒	整片

此外，还对垢下腐蚀处、垢下腐蚀边缘、爆口边缘及爆口处背火侧都进行了残余氢的测定。此四处，垢下腐蚀边缘的残余氢量最高为 8.30mL/100g 金属；垢下腐蚀处次之；爆口边缘更小；爆口处背火侧最小，仅 0.08mL/100g 金属。蚀坑处残余氢量高出背火面残余氢量 100 倍以上。残余氢量的测定，最好是在爆管后几小时内进行测定，而这次测定是在爆管后十多天送的管段试样，其测定的数值只可供参考，但其相对倍数还是可以说明问题的。

在 8 月中旬以前，水处理设备未作任何改变，仍长期送酸性水。炉水也很不正常，pH 及碱度等都不合格，表 1-7 摘取 6 月 11 日 6 号锅炉的炉水分析数据，从表中可以看出炉水水质情况。

6 月 11 日 6 号锅炉的炉水分析数据　　　表 1-7

时间	电导度（μs/cm）	Na⁺（ppm）		pH		全碱度（epm）		PO_4^{3-}（ppm）	
		左	右	左	右	左	右	左	右
6 月 10 日 15:00		7.40	7.00	6.20	6.00				
6 月 11 日 08:00	0.205	7.60	8.00	7.05	6.05				
	0.154	7.25	6.75	6.80	5.40	0.2	0.2	6.0	6.0
	0.269	7.30	7.25	6.80	6.50		0.1	6.5	6.0
	0.400	7.30	7.50	7.40	6.50	0.25	0.1	6.7	7.0

锅炉车间根据水质分析的统计资料和 8 月中旬以前历次爆管的情况，总结得到这样的规律：一般凡送酸性水，炉水发黑不久，就发生爆管。这说明爆管与酸性水质有明显的关联。

8 月以后将混床停止运行，利用阴床混入少量阳树脂的漏钠现象来提高除盐水的 pH 值，使达到 pH = 9.5～11.5，含钠量增高至 $1000～2000 \times 10^{-9}$，以后又增设了加氨设备。

1.1.3.3　水冷壁管氢损坏的特征

从【例 4】的案例，多方面说明水冷壁的多次爆管是由于受到氢损坏。

所谓氢损坏就是酸性腐蚀，常见引起的原因是金属在沉积物下腐蚀而产生氢，这些积累的氢有一部分扩散到金属内部，和碳钢中的碳化铁反应，而造成碳钢的脱碳现象：

$$FeC + 2H_2 \longrightarrow Fe + CH_4$$

有脱碳现象的部位，生成细小裂纹；碳的强度极小，似空穴分布在铁素体中，在其周围出现应力集中而使金属变脆。这种腐蚀是由于腐蚀产物中生成的氢渗入到金属内部而引起的,故又称"氢脆"。

只有沉积物下酸性增强的"脆性腐蚀",才会使腐蚀部位的金相组织和机械性能发生变化。它与沉积物下碱性增强的"延性腐蚀"不同,延性腐蚀沉积物下金属的金相组织和机械性能都没有变化。

CH_4 受热膨胀,在金属内部产生应力,使金属组织逐渐生成裂纹。脆性腐蚀而破裂的爆口附近的金属无明显的塑性变形,爆口边缘粗钝,没有减薄或很少减薄,沿爆破口边缘可以看到许多细微的裂纹。

氢损坏是局部腐蚀,形成似贝壳形的腐蚀坑。在腐蚀坑附近的金属有脱碳现象,脱碳层从管内壁向外逐渐减轻。损坏部分金属的含氢量较高,一般比未损坏部分高出数十倍到一百多倍。

6号锅炉水冷壁爆管的爆口形状、腐蚀坑的形状都吻合;证实了垢下腐蚀的存在;机械性能测试和金相试验,说明了金相组织及机械性能都发生了明显的变化和脱碳现象的存在;通过金属残余氢的测试,更证实是氢的渗入。

一般是否发生氢损坏与炉水有关。如果沉积物下的炉水中有 $MgCl_2$ 或 $CaCl_2$ 时,炉水浓缩会发生以下反应:

$$MgCl_2 + 2H_2O \longrightarrow Mg(OH)_2\downarrow + 2HCl$$

$$CaCl_2 + 2H_2O \longrightarrow Ca(OH)_2\downarrow + 2HCl$$

$Mg(OH)_2$ 及 $Ca(OH)_2$ 都形成沉积物,而浓缩的炉水成为强酸溶液。

水为酸性水,或水中有游离 CO_2 存在而呈酸性反应,由于水中 H^+ 的增多,就会产生氢去极化腐蚀。而铁生成的 Fe_3O_4 过程中都产生氢:

$$3Fe + 4H_2O \longrightarrow Fe_3O_4 + 4H_2$$

层状的 Fe_3O_4 能很牢固地黏附在钢铁的表面。

当炉水 $8<pH<13$ 时，Fe_3O_4 是金属表面很好的保护膜而防止腐蚀。但当 $pH<8$ 或 $pH>13$ 时，Fe_3O_4 保护膜易溶于水溶液中使腐蚀加快。因此，一般锅炉炉水的 pH 值保持在 9~11 或 10~12 之间，防止酸性腐蚀 pH 不得小于 8.3。

若炉水的 pH 值经常低于 8.3，则向炉水中加入的磷酸三钠实际上在炉水中都形成了 Na_2HPO_4 和 NaH_2PO_4，在高热负荷的水冷壁管上会发生如下反应：

$$Fe + NaH_2PO_4 \longrightarrow NaFePO_4 + H_2$$

$$Fe + Na_2HPO_4 + H_2O \longrightarrow NaFePO_4 + NaOH + H_2$$

形成黑褐色的磷酸亚铁钠（$NaFePO_4$）能沉积在水冷壁管上，它的导热性很差，致使水冷壁向火侧金属过热而机械性能降低。

6 号锅炉安装前露天放置未加保护；经过不合理的酸洗；长期送入酸性水；给水含铁量超标；电子探针扫描发现有局部地区有 Cl^- 富集，等等。都促使产生垢及垢下腐蚀和氢的集聚。炉水 pH 值很低，都在 8 以下，甚至达 5.4，加速了酸性腐蚀和水冷壁向火侧的机械性能下降。

对热电厂或发电厂还应注意，若锅炉发生酸性腐蚀时，若有含氯离子、氢离子、硝酸根之类的低沸点无机酸进入汽相，还会对汽轮机产生腐蚀。

1.1.3.4　6 号锅炉避免氢损坏的对策

锅炉高压运行不到一年于当年 12 月就停炉大修，大修期间及大修以后，做了如下的工作：

（1）换管：用超声波数字测厚仪检查水冷壁管，发现前、后墙水冷壁焊口附近有严重腐蚀，其腐蚀坑深度 <4mm 的管子 31 根（大部分在标高 12~14m）。还有的管子腐蚀坑深达 2.5mm，管壁减薄一半；有的管壁上有坚硬铁垢，这些管子都

进行更换。

(2) 改善水处理设备：停止运行混床，改为在阴床中混入少量阳树脂和增设了加氨装置以提高水的 pH 值。阴床中混入少量阳树脂增加出水漏钠来提高出水的 pH 值，将会增加出水硅酸盐的含量，要加以监控。如果能严格控制阴床的失效，也可以达到提高出水 pH 值的目的。

(3) 重新拟定规程，加强水质管理：做好停炉保养，给水除氧；进行正常排污，特别是起动时，将大量的腐蚀产物排出，以减少给水含铁量和减轻炉内腐蚀；保持合适的炉水 pH 值，保护 Fe_3O_4 保护膜，防止生成磷酸盐垢；严格控制各项水质指标，杜绝酸性水进入锅炉，防止炉内结垢。

(4) 加强对结垢和腐蚀的监督，及时清除垢及沉积物。化学清洗严格按清洗规程进行。

(5) 调整燃烧，避免局部热负荷过高。

采取这些措施后，该厂锅炉已完全避免了水冷壁管的氢损坏。

1.2 由于水循环不良引起的爆管事故

1.2.1 水循环设计不当锅炉多次爆管

【例 5】某玻璃瓶厂将原有横锅筒烟管式余热锅炉作为对流受热面，加外砌炉膛改为 6.5t/h 燃油蒸汽锅炉。锅炉改造由某锅炉制造厂设计及改装。改造后锅炉安装如图 1-11、图 1-12 及图 1-13（此三图比例不同，数字标注相同）所示。

原有余热锅炉的横锅筒 1 为 $\phi 3268mm \times 16mm$，加外砌炉膛 2：炉膛深度约为 3430mm；宽 2000mm；高约为 3055mm。油喷燃器装于前墙。

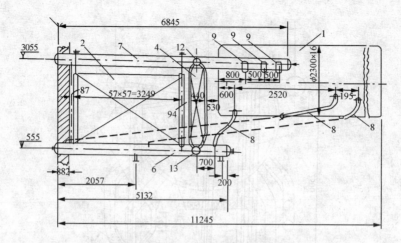

图 1-11 锅炉安装（一）锅炉纵向立面图
1—余热锅炉锅筒；2—炉膛；4—炉后管束；6—下联箱；7—上联箱；8—下降管；
9—汽水导出管；12—后墙管束的上联箱；13—后墙管束的下联箱

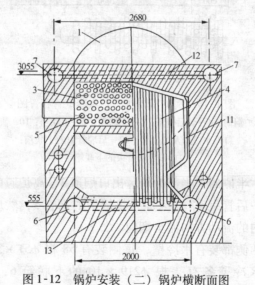

图 1-12 锅炉安装（二）锅炉横断面图
1—余热锅炉锅筒；3—炉膛出口烟道；4—炉后管束；5—余热锅炉烟管；
6—下联箱；7—上联箱；11—水冷壁及顶棚管；12—后墙管束的上联箱；
13—后墙管束的下联箱

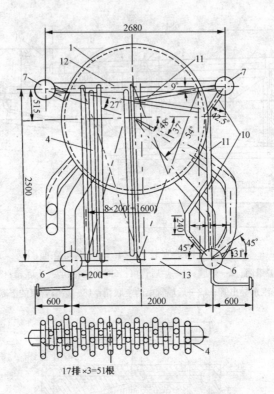

图 1-13 锅炉安装（三）水冷壁管布置图
1—余热锅炉锅筒；4—炉后管束；6—下联箱；7—上联箱；10—直水冷壁管；
11—水冷壁及顶棚管；12—后墙管束的上联箱；
13—后墙管束的下联箱

后墙左半侧的上半部为炉膛出口烟道 3，离炉膛的烟气从此烟道流经炉后管束 4，进入原余热锅炉的烟管 5，然后按原余热锅炉烟管内的流动方向流至烟囱。

炉膛两侧都装有水冷壁，每侧装有 58 根 $\phi 51 \times 3$ 的水冷壁管。每侧水冷壁各有一根 $\phi 219 \times 10$ 的下联箱 6，下联箱长 5132mm，及各有一根 $\phi 219 \times 10$ 的上联箱 7，上联箱长 6845mm。

每侧下联箱各有三根 $\phi 108 \times 7$ 的下降管。下降管分别由横锅筒 1 的前、中、后部，分别与下联箱的后、前、中部相连

(图 1-11 中有两根以虚线表示连接部位)。下降管外敷有 80mm 的保温材料层。两侧下联箱的中心距为 2000mm。两侧上联箱的中心距为 2680mm。上联箱及下联箱的标高差为 2500mm。每侧上联箱各有三根 $\phi 108 \times 7$ 的汽水导出管 9,它下倾 21°与锅筒相连。

每侧水冷壁管(上升管)一根为直管向上,顶部向炉外侧倾斜 42.5°与上联箱 7 相连(图中以 10 表示。称为"直水冷壁管")。同侧相邻的一根水冷壁管由下联箱向炉内倾斜 45°向上,再制成 240mm 垂直向上的直管段;然后倾斜向外与"直水冷壁管"对齐并垂直向上;最后与水平成 9°角与对侧的上联箱相连,而形成顶棚管(图中以 11 表示,称为"水冷壁及顶棚管")。两侧水冷壁管都按"直水冷壁管"与"水冷壁及顶棚管"相间排列。

"炉后管束" 4 有 17 排每排 3 根,共 51 根 $\phi 51 \times 3$ 的管子组成。管束上、下都分别与 $\phi 159 \times 7$ 的上联箱 12 及下联箱 13 相连。"炉后管束"的上联箱两端与两侧水冷壁的下联箱相连;"炉后管束"的下联箱两端与两侧水冷壁的下联箱相连。"炉后管束"靠近后墙的两列管子,部分埋在后墙中,前几列都暴露在炉膛里。

锅炉的给水管和出汽管都在锅筒顶部。给水管中心距锅筒前壁约 3100mm,出汽管在给水管之后 900mm,其中心距锅筒前壁约 4000mm。

改造后整个锅炉的外形尺寸为长约 11245mm;宽约 3000mm;高约 3600mm。

设计参数:

额定蒸汽量	6.5t/h
蒸汽压力	1.25MPa
蒸汽温度	194℃(饱和)

给水温度	20℃
炉膛受热面	37.64m^2
对流受热面	12.75m^2
锅筒受热面	239.9m^2
排烟温度	250℃
空气温度	30℃
适用燃料	100号重油
试验压力	1.59MPa

锅炉于某年12月投运后，经常工作压力仅0.4MPa，出汽量可达到6t/h以上。但次年2月，运行不到3个月就发生爆管，具体部位是"炉后管束"，从右向左第四排最后一根管（部分埋在后墙中）。管子堵死，堵物呈浅咖啡色。将此管封死后，又继续运行。

以后运行6~7年，每年都发生爆管，开始都是"炉后管束"，部位无规律，但以右侧由右向左第2、3、4排的部分埋墙的管子居多，有的爆管内有白色沉淀物。后来，两侧水冷壁管也有爆管发生，以左侧炉偏后的"直水冷壁管"居多。

实地检查，见到水冷壁、顶棚管、后部管束都有局部表面结焦，但不严重。

酒瓶厂认为是锅炉设计制造问题，但锅炉制造厂认为设计计算及方案，是事先经当地劳动部门审批的，制造技术在锅炉制造厂来说更不成问题，因而认为责任在运行。而酒瓶厂则认为，第一次爆管，管内被浅咖啡色沉淀物堵死，是安装时还是运行中带来的问题尚难断定；有些爆管中有白色沉淀物，可能水处理工作有待加强，但沉积物不多，尚不致造成爆管的主要原因，而且不是所有爆管的管内都有沉淀物存在。除此而外，指不出运行上有任何失误。总之，双方的意见，都提不出充足的证据。于是，由双方共同邀请了各方面的专家进行"会诊"。

经过专家组的调查、实地勘察、审查设计图纸,并进行分析研究取得一致的意见。认为连续发生爆管事故,不能说在运行管理上不存在问题,例如水处理工作就有待加强。但最主要原因,还是锅炉水循环系统的设计存在较多的问题:

(1)"后墙管束"采用的结构是不合理的。这种上、下联箱,连接很多弯管结构,一般用于组成锅炉的对流受热面。而本设计将它作为以受辐射热为主的受热面,所有管子都为上升管。管列间的受热强度本来相差就较悬殊,又把受热强度最小的两列管部分埋在墙内,这两列管中很容易产生循环停滞或倒流等水循环故障,并且水流速过低,水中杂质易于沉淀。这也就是爆管多发生于这两列管子的原因所在。虽然这两列管子没有都爆过管,但几乎全部都变过形,也是一个明证。

(2)很多地方不符合常规水循环设计的要求:

a)水冷壁联箱太长,易造成水力分布不均匀及热负荷分布不均匀,而产生部分管内水循环不良。一般每侧水冷壁的联箱不长于2000mm,否则应分段。而本设计其下联箱长为5132mm,上联箱长为6845mm。

b)下降管总截面及汽水导出管总截面都偏小。一般不受热的下降管总截面与上升管总截面之比为25%~30%;汽水导出管总截面与上升管总截面之比应不小于30%。本设计中:

按每侧计算:

每侧水冷壁上升管为58根$\phi51\times3$的管子,其总截面为$0.092m^2$。

炉后管束总计为17×3根$\phi51\times3$的管子,其总截面为$0.081m^2$,分在每侧总截面为$0.041m^2$。

每侧上升管总截面为$0.092m^2+0.041m^2=0.133m^2$。

每侧下降管为 3 根 $\phi 108 \times 7$ 的管子，其总截面为 $0.0208 m^2$。

下降管总截面/上升管总截面 = $0.0208 m^2 / 0.133 m^2 = 15.64\%$。

每侧汽水导出管也为 3 根 $\phi 108 \times 7$ 的管子，故汽水导出管总截面与上升管总截面之比也为 15.64%。

c）循环回路高度偏低。自然循环运动压头与循环回路的高度及汽、水密度差成正比。锅炉工作压力越高，汽、水密度差越小，则要求循环回路的高度越高，一般压力 $\geq 0.8 MPa$ 的锅炉，则要求回路的高度为 4～6m。本设计压力为 1.25MPa，但回路的高度仅约 2500mm。

d）顶棚管的倾角过小。循环回路中的各上升管，一般不宜有水平布置的管段；其受热的倾斜管段与水平的倾角不可小于 15°。本设计中顶棚管直接与对侧水冷壁上联箱相连，其倾角仅为 9°。

e）受热管（"直水冷壁管"与"水冷壁及顶棚管"）形状及长度不等，受热不均匀。

f）循环回路阻力较大：下降管及汽水流动路程都较长；水汽导管与锅筒相连处，由水平向下 21°易集气；特别是"水冷壁及顶棚管"弯曲较多，水平倾角偏小，流程较长。

(3) 烟气出口附近左侧"直水冷壁管"爆管较多的原因是：循环回路高度本来就偏小，而这个部位管子在联箱太长的端部，与后墙管束的上、下联箱的端部很近，配水最为不利；这个部位是炉膛内烟气温度相对最低的地方，管内受热强度较低。

(4) 虽然已爆管的部位，以"炉后管束"特别是右侧埋管和左侧烟气出口附近的"直水冷壁管"最为频繁，但由于水循环设计存在缺点较多，其他部位爆管的隐患仍存在。例如："水冷壁及顶棚管"阻力最大，倾角太小，易于产生汽水分层；现运行压力为 0.4MPa，若按设计工作压力 1.25MPa 运行，则循环回路高度过低的缺陷就更为突出。

虽然也提出一些改进措施的建议,如联箱分段;"炉后管束"系统与两侧水冷壁系统分开,成为独立的水循环系统;或增加下降管及汽水导出管总截面等等。但认为这也是权宜之计,不是治本的措施,而且改动的工作量及投入仍较大。

酒瓶厂及锅炉制造厂都接受了专家组的意见,经双方协商,决定将此锅炉拆除,由锅炉制造厂减价供应一台该厂生产的新燃油锅炉,其减价部分作为补偿。

1.2.2 常见水循环部位不良的爆管

1.2.2.1 角隅管爆破

【例6】某小型热电厂锅炉房的煤粉炉,煤粉燃烧器装在两侧墙上,燃用无烟煤粉。炉膛四周都是水冷壁,前墙水冷壁管外有火泥涂成的卫燃带,如图1-14所示。在运行一年中就发生三次角隅管(图中4)烧坏。其中一次角隅管与相邻的管子(图中5)同时烧坏。

另有某供热公司锅炉房的一台链条炉,炉膛四周也都有水冷壁,但无卫燃带,也同样发生相同现象,角隅管也常烧坏。

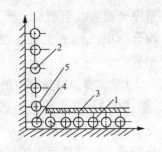

图1-14 水冷壁的角隅管
1—前墙水冷壁;2—后墙水冷壁;
3—卫燃带;4—角隅管;
5—角隅管相邻的水冷壁管

这两台锅炉发生相同的问题,其原因也相同。这两个实例中的锅炉,都为自然循环蒸汽锅炉,其水循环系统是:锅炉锅筒中的水经下降管流至水冷壁的下联箱,然后在下联箱中将水分配至各根水冷壁管。水在水冷壁管中受热而产生蒸汽,成为汽水混合物。汽水混合物在水冷壁管中向上流动,汽水混合物在上联箱中汇合,最后经汽水联通管将汽水混合物流回上锅筒进行汽水分离。水冷壁就成为水循环系统中的上升管。水循环的运动压头来自下降管中的水与上升管中汽水混合物的密度差。上升管中的水受热越强烈，产生的汽越多，其密度越小，与下降管中水的密度差越大，则产生的运动压头也越大。

炉膛内各处的温度并不是一致的，火焰中心温度最高，随火焰中心越远温度越低。水冷壁各个上升管的受热强度也是不一致的，一般是联箱中部的上升管受热强度大，而两侧水冷壁的角隅管受热强度最弱。特别是侧水冷壁的前角隅管，是热烟气流的死角，受热强度更弱，产生的运动压头也最小，常达不到推动水循环进行要求的最低运动压头，造成上升管中汽水混合物不能向上流动，水循环停滞，汽泡停留于某处而造成局部管壁处过热以至破裂。严重时还会产生水循环倒流，阻止汽水混合物中汽泡的上升。现在很多锅炉已在角隅处不布置水冷壁管。

1.2.2.2 结焦部位的水冷壁管爆破

【例7】某台锅炉为燃用煤粉的35t/h 蒸汽锅炉，一侧水冷壁中部的管外结焦，在结焦部位的水冷壁管发生爆破。经调查分析确定爆管是由于管外结焦的管子受热强度减小很多，产汽量小，管内汽水混合物密度大，运动压头小，造成蒸汽停滞或循环倒流，汽泡在管内壁停滞造成过热而爆管。

引起爆管的直接原因是结焦，但从机理来说仍旧是由于水循环不良。其解决的途径还是要从避免结焦入手。经调查研究，认为引起结焦的原因主要有两点：一是热负荷过高，造成炉温过高；二是炉膛内火焰偏移。调整煤粉燃烧器的位置和减轻负荷后，不再结焦，爆管问题也随之得到解决。

1.2.2.3 倾斜往复炉排水冷壁管的爆破

【例8】为了适应低发热量、多灰、多水的劣质煤的燃烧，某锅炉房的4t/h蒸汽锅炉，采用倾斜往复推动炉排，这样炉排的炉排面与水平成20°。因此，其侧墙水冷壁的长度，沿炉膛的深度不是等长的，如图1-15所示，炉子最前端的水冷壁管最短，越向炉子后端，水冷壁管越长。运行一定时间后，炉子后部的水冷壁管（图中的4）常爆管。

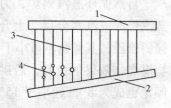

图1-15 倾斜往复炉排锅炉的水冷壁

1—水平上联箱；2—倾斜下联箱；
3—水冷壁管；
4—水冷壁管易爆破部位

这种炉子的水冷壁管长度不同，各环管内的流动阻力也不同，容易造成流量分配不均匀。炉前和炉后受热强度相差很多，又造成受热的不均匀。炉后管子的水循环最不利，因而常发生爆管。

该锅炉房采用将上、下联箱都分成两段，前后形成两个单独的水循环系统，以减轻各段水冷壁的流量和受热的不均匀性后，爆管现象显著改善。

1.2.2.4 水平倾角过小造成的管子爆破

【例9】某锅炉房的20t/h 蒸汽锅炉，为燃用低挥发物的煤而设计的，后拱低而长，后拱的倾角为8°。锅炉的后墙水冷壁在后拱的部位就成为后拱的水冷管。后拱的水冷管的炉内侧用耐火砖及耐火泥砌一层隔热保护层。此锅炉房的这层隔热层部分损坏而脱落，如图1-16所示。司炉工人认为此处已是煤的燃烬阶段，炉温不高，因而没停炉检修仍维持运行。运行一段时间后，后拱水冷排管的部分管子

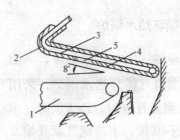

图1-16 链条炉排后拱

1—链条炉排；2—后拱；
3—后拱水冷管；4—隔热层；
5—隔热层损坏部位

破裂而被迫停炉。

自然循环蒸汽锅炉，为了避免产生的蒸汽在上升管内发生蒸汽停滞或汽水分层，上升管不得有水平布置的管段，受热的倾斜管段，其倾角不可小于15°。此锅炉房为了保证燃用低挥发物煤燃烧效果的良好，后拱低而长，形成倾角为8°，水冷管的倾角也成为8°，远小于15°。因此，这些管段要加以良好的隔热，避免受热管内产生蒸汽。现耐火材料砌成的隔热保护层脱落，光管暴露于炉膛内必然会逐渐生成蒸汽因而造成爆管。所以，发生这种情况必须及时修补耐火隔热保护层。

【例10】某厂有三台锅炉，这种锅炉的水冷壁管都直接与上锅筒相连，如图1-17所示。运行半年后，三台锅炉的水冷壁与上锅筒连接的横向管段不少根都陆续爆破，破口都在横向管子的上部。分析管子材质及金相组织，都未发现问题。查锅炉图才发现与上锅筒连接管的水平倾角仅为10°。

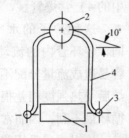

图1-17 锅炉水冷壁与上锅筒的连接管
1—炉排；2—上锅筒；3—下联箱；4—水冷壁管

1.2.3 低温直供系统采用自然循环热水锅炉

【例11】某市一个区房管局管理的居民小区锅炉房，一期装有一台SZL 5.6-0.7-95/70-AⅡ型自然循环热水锅炉，采用90℃/70℃直供系统。安装竣工时已到元月中旬，急于供暖，未经煮炉和冲管，就投入运行。运行近10天，水冷壁管就开始发现有爆破的。爆破的管段内堵有很多垢、渣、铁锈和施工遗物，几次停炉检修，勉强维持供热至3月16日。（竣工后应冲管的问题，将于5.4.1节一并评述）

3月17日停炉后，大检修换管，将已建成的管道都进行冲洗后，11月16日第二个采暖期开始供暖，锅炉运行仅12天，左水冷壁又有两根管子爆破。经维修更换爆破及严重变形的管子11根后继续运行。又运行了9天，锅炉侧顶棚管、后顶棚管、前、后拱管、烟道入口处对流管等多处陆续爆管，被迫停炉抢修，更换105根管子，又继续运行，至次年3月21日采暖期即将结束前，炉膛左侧水冷壁再次出现爆管现象而停止运行。

两个采暖期未能正常供暖，而且爆管情况十分严重，引起了重视，邀请专家组成专家组进行事故调查分析。竣工投运后第一次爆管是由于竣工后未冲管而造成的，但大面积更换管子后仍陆续发生爆管，管内虽也有少量的垢渣存积，但并未将管子堵塞，其原因又何在?

经调查分析，认为虽然锅炉房工人素质很差，水处理出水质量不达标，运行中也存在不少问题。但爆管的主要问题是直供系统不应用自然循环热水锅炉。

在1.2.1节中已述及，自然循环需要有一定的运动压头，而运动压头的大小与循环回路的高度和下降管与上升管中介质的密度差有关。对蒸汽锅炉而言，此密度差就是下降管中水的密度与上升管中汽水混合物的密度差，这个差值较大。而热水锅炉则是由于下降管与上升管中水的温差，而造成水的密度差，这个差值比蒸汽锅炉要小很多。即使按锅炉设计温度，水温差仅有95℃－70℃＝25℃。

实际运行时，由于地区不是三北寒冷地区，即使在最冷天气，一般对直供的锅炉出水温度也不需要95℃，常为80多度。采暖期室外温度变化时，要变动供水温度进行质调节，因此实际温差很小。再加上此锅炉房是按大流量、小温差运行，此锅炉房运行人员反映一般运行时温差仅10℃左右。

直供的锅炉一般都是小容量锅炉，锅炉的高度都很低，这台5.6MW热水锅炉的总高度约为4m多，其循环回路高度必然很小。

循环回路高度很小,密度差又很小,其产生的运动压头不足以克服水循环的流动阻力,造成水循环停滞或不正常,因而发生爆管事故。

生产此台锅炉的锅炉厂,也是区办企业,原是机械加工厂,后申请获批准为 E 级锅炉制造厂,此锅炉为其生产的第一台产品。其锅炉制造图纸是从西北某著名锅炉制造厂购入的全套图纸。检查其图纸,除总图是 95℃/70℃ 热水锅炉外,所有零件图均标为 130℃/70℃ 热水锅炉的零件图。而 E 级锅炉制造厂不允许生产水温≥120℃的热水锅炉。

调查组立即与售出图纸的锅炉制造厂进行电话联系,答复是该厂很早前曾生产 95℃/70℃ 的自然循环热水锅炉,1 年多后就改为生产 130℃/70℃ 的自然循环热水锅炉,不再生产 95℃/70℃ 的自然循环热水锅炉。改型后除总图局部作了很少的变动,零件图全部未变,仅将图名的标注全部由 95℃/70℃ 改为 130℃/70℃。【例 11】的锅炉制造厂购买图纸时言明,由于其资格证书为 E 级只能生产水温<120℃的热水锅炉,故要求购 95℃/70℃ 锅炉的全套图纸。因而售出原 95℃/70℃ 锅炉总图及 130℃/70℃ 锅炉全部零部件图,并加以说明。

通电话时也曾询问改为生产 130℃/70℃ 锅炉,不再生产 95℃/70℃ 自然循环热水锅炉的具体原因。答复是由于集中供热发展,用户的要求,而未做其他解释。从电话中知道,山东省某县某锅炉制造厂也同样购买了全套图纸。

经过对该县的调查,购买该图纸的锅炉制造厂,也为 E 级。按图生产了很多台这样的锅炉,全部都销售在本县境内,普遍发生类似频繁爆管的事故,后来已改为 95℃/70℃ 强制循环热水锅炉,改为强制循环后就未再出现频频爆管的事故。这就有力地说明低温直供热水锅炉不应采用自然循环,而应采用强制循环论断的正确性。

对【例11】的锅炉房提出如下建议:

(1) 以后二期增设锅炉时,不再采用自然循环,而采用强制循环锅炉。对已有的锅炉,经过技术咨询,并报劳动部门批准,改为强制循环锅炉。

(2) 若现有锅炉改为强制循环,工作量过大、资金投入过大或技术上困难较多,难以实现时,可向提供图纸的锅炉制造厂咨询,此锅炉是否可以在115℃/70℃下运行,对强度及安全上是否有影响?若答复可行,则改为115℃/70℃运行,出水稳定为115℃,再用混水方式,调节向外供水温度,以保证供、回水有40~45℃温差。

(3) 提高运行水平:改变大流量、小温差的运行方式,节约电能并提高温差;水质必须达标;保证排污及除污器运行正常。

(4) 新增加采暖系统时,新增系统竣工后必须严格按规范先进行冲洗。

通过这个案例,我们可以得到这样的经验教训:若按照已有锅炉的图纸仿照生产时,必须对其设计进行技术分析和使用效果的调查。

1.3 间供热水锅炉用于直供系统造成的爆管

【例12】某集中供热锅炉房有 SLZ 14-1.0/115/70-AⅡ型组装式热水锅炉四台,分两期建设。1、2号锅炉于1994年12月投入供热;3、4号锅炉于1999年1月投入供热。锅炉水处理采用钠离子交换软化,原设计为解吸除氧,但设备调节有问题,始终未投运。2000年改为海绵铁屑过滤除氧,11月份投运。

1、2号锅炉1998年开始就发生爆管;到2001年1月4号锅炉也发生爆管。爆管位置主要为水冷壁管及对流管束的最前一排或最外一排的管子。2001年2月15日召开事故调查分析会,首先对锅炉构造及供热系统和以往运行情况进行了解。

锅炉采用强制循环,炉膛四面都有水冷壁。锅炉制造厂原设计的水循环系统如图 1-18 所示。

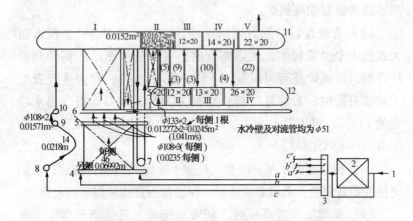

图 1-18　锅炉制造厂原设计的水循环系统

1—回水；2—省煤器；3—省煤器出口集管；4—侧水冷壁下联箱；5—侧水冷壁中联箱；6—侧水冷壁上联箱；7—后墙水冷壁联箱；8—前墙水冷壁下联箱；9—后墙水冷壁中联箱；10—前墙水冷壁下联箱；11—上锅筒；12—下锅筒

回水经省煤器流至省煤器集管,集管出口分为六路流出,锅炉每侧各有三路,其中两路管道连至一侧水冷壁的下联箱,另一路连至前墙水冷壁的下联箱。各侧水冷壁及前墙水冷壁都分上、下两段,两段间有联箱连接。

上锅筒为长锅筒,内设四个隔板分为五个区段。前墙及两侧墙水冷壁的上升管最后都直接与上锅筒的第Ⅰ区段相连。后墙水冷壁的联箱,在上锅筒的第Ⅰ区段设下降管；上升管则与上锅筒第Ⅱ区段相连。

下锅筒为短锅筒,内设三个隔板分为四个区段。在上锅筒的Ⅱ~Ⅴ区段与下锅筒的Ⅰ~Ⅳ四个区间之间布置对流管束。水冷壁的辐射受热面及对流受热面的管子都采用 $\phi 51$ 的钢管。

锅炉的进水经省煤器后，先进入辐射受热面，再流经对流管束，原锅炉设计人的意图是避免烟气温度较低的对流受热面发生腐蚀。

原锅炉为115℃/70℃间供的锅炉，但该锅炉房设计采用直供系统，锅炉出水仍为115℃热水，经混水降为95℃直供，不设省煤器70℃回水则直接进入锅炉。

爆管及换管的情况（参见图1-19中所标注出的爆管的位置）如下：

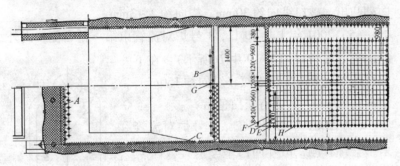

图1-19 爆管位置

（1）1998年1号炉前墙水冷壁，靠墙的一排管子中，爆管一根（图1-19中A所示），爆口部位在中部偏上。

（2）1998年1号炉前墙水冷壁，烟气流道中靠炉内一排管子中，爆管一根（图1-19中B所示）。

（3）1999年1号炉及2号炉，用$\phi 20$及$\phi 32$的钢丝绳代替球，进行通球试验，情况如下：

1、2号炉后墙水冷壁大部分管子都通不过。

1、2号炉前墙水冷壁也都有部分管子通不过，2号炉情况比1号炉略好。

左侧墙水冷壁管大部分管子都通不过，2号炉情况比1号炉严重，尤以靠炉后更为严重。

右侧墙水冷壁的管子通球情况较好。

总的情况是左侧比右侧严重；后部比前部严重。堵塞物换管时发现主要是泥垢。

换管情况：1、2号炉后墙水冷壁管几乎全换；左侧墙水冷壁管全换；右侧墙水冷壁未动；前墙水冷壁，1号炉换管 6~7 根，2号炉换管 5~6 根。此两炉换管的位置相似。

(4) 2001年1月25日，4号炉右侧水冷壁后部爆破1根管子（图1-19中 C 所示），爆破口在管子中部偏下，碳化发蓝，向外凸出。破口纵向约 30mm，横向约 2~3mm。

(5) 2001年1月30日，1号炉对流管束第一排右侧，由外向内第二根管（图1-19中 D 所示），在下部弯曲处胀大，发生裂纹，纵向约 150mm，横向约 80mm。管内有灰白色垢。

(6) 2001年2月3日，2号炉对流管束第一排右侧，由外向内第一根管（图1-20中 E 所示）及第三根管（图1-20中 F 所示）都破裂。破口无外凸现象，内为腐蚀产物。

(7) 2001年2月4日，4号炉后墙水冷壁，炉膛中部管子破裂（图1-19中 G 所示）。破口部位在管子长度方向中部偏下。破口外凸，表面碳化较轻，内部光滑。

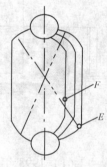

图1-20 爆管位置

(8) 1号炉对流管束第八排右侧最外边的一根管（图1-19中 H 所示），严重变形，但未爆破。

从上述调查情况看出，这个锅炉房爆管事故频繁，垢及腐蚀产物的产生与聚积是主要的原因，而影响爆管的因素却与锅炉由间供改直供的方案，锅炉结构及水循环不良，缺少除氧处理等多方面有关，现分述于下：

(1) 供热方案存在的问题

间供的热水锅炉其一次网热水与二次网热水的水质是有很大区别的。一次网的回水水质要考虑满足锅炉水质的要求；二次网的热水流过很多用户，其回水的水质较差，还常会带有从用户或管道产生的垢、腐蚀产物及杂质，很难达到锅炉水质的要求。将原为间供的锅炉，改为直供，将相当于二次网的回水直接送入锅炉，这些垢、腐蚀产物及容易产生结垢和腐蚀的杂质都带入锅炉，这是事故产生的直接原因。特别是锅炉的水循环路线是进水先经受热强烈的辐射受热面（水冷壁），垢及腐蚀产物最容易先在水冷壁中聚结和产生，而造成事故。因此，爆管多发生在水冷壁和杂质最容易沉积的个别对流管子。

供热锅炉根据室外温度和所需供热量的变化要进行调节。常用的调节方法有量调节、质调节和分阶段的质调节等。共同的特点是固定一个参数，调节另一个参数。此锅炉房采用锅炉出水保持115℃，混水调至95℃或90℃外供的方案。实际上，供水的温度或流量是要随室外温度进行调节的。用混水方法调节出水温度，同时流量也发生变化，因此，要调至最佳值比较困难。

(2) 锅炉水循环方面的缺陷

调查过程中原想按锅炉制造厂供给的"水循环计算书"为依据进行分析。但发现计算书中的数据，如上、下锅筒内的隔板数；对流管束的管子数和下锅筒管子的连接方式等都与实际不符，计算书不可信。按定性分析发现水循环存在不少缺陷，例如，后墙水冷壁的下降管在炉膛内，不利于水循环；侧水冷壁的联箱太长，超过2m，易使水力偏差和热偏差都加大；下锅筒最前端的5×20根上升管和最后端22×20根上升管，其流速偏低；上锅筒第Ⅱ段内，同时连接两组不同受热强度和不同流速的受热面的上升管，对水流分配不利；强制循环的对流管束，不宜采用上、下锅筒用弯管连接的方式，因为管子不等长，弯曲形状不同，故管间阻力不同，流量也有偏差。特别是对流管束最外边的几根管子，阻力大管内流量小，并易于沉积垢、腐蚀产物或杂质等。

（3）除氧及排污问题

锅炉水处理必须要设除氧。虽然在此事故分析中锅炉的腐蚀不占主要地位，这是由于结垢严重而屏闭了管子内壁。但是腐蚀也是发生爆管事故的一个原因。特别是将垢除净后，热水锅炉防腐蚀的问题，比防垢更应关注。此外，下锅筒由隔板分隔成的每个区域内都应分别设底部排污装置。

对事故分析总的看法是：事故发生的原因是多方面的。供热方案将间供锅炉改为直供系统，使供热系统中生成的垢、腐蚀产物和易结垢或带腐蚀性的杂质随回水进入锅炉是产生事故的根源。水循环设计不良及锅炉局部构造的影响是导致事故发生的条件。

几点建议：

（1）整个供热方案的改变难以实现，但应就改善水循环和防止结垢、腐蚀方面的措施，尽可能地对锅炉进行局部改造。

（2）加强对二次网水质的管理，提高除污器的作用，以减少水中杂质进入锅炉。

（3）增设排污点，加强排污。停炉维修时，认真清洗锅炉内部，有垢要清除。

（4）设置除氧装置，并加强管理。

1.4 过热器的爆管及吹灰引起的管子磨损

1.4.1 过热器的堵塞爆管

1.4.1.1 汽水分离不良引起过热器爆管

【例13】某锅炉房的20t/h蒸汽锅炉，其过热器的部分管子堵塞而爆裂。检查其运行记录，给水及炉水分析数据都正常；没有严重超负荷情况；水位自控工作正常，没出现过满水或水位过高的现象。取出其堵塞物观察为黑色、溶解性较好。堵塞物经分析，除限于分析手段没有测量 Na^+、K^+ 外，其他成分如表 1-8：

过热器管内堵塞物的成分　　　　　　表 1-8

项 目	CaO	MgO	FeO_3	SiO_2	SO_4^{2-}	PO_4^{3-}
含 量	未检出	4.43%	2.10%	2.20%	27%	未检出

从上述运行情况的调查及分析测定数据，排除了汽水共腾；严重超负荷；满水等原因而引起的事故。

测定出的堵塞物，都是可随饱和蒸汽的水分带出，而又是蒸汽难以携带的物质。必然是饱和蒸汽的汽水分离不良，这些杂质随水分带入过热器内，水分蒸发而杂质沉积所致。因此，判断为锅筒内的汽水分离器发生故障。

停炉后检查果然不出所料，锅筒顶部的汽水分离器，其中有一个在锅炉生产过程中与锅筒焊接时，只点焊定位，焊工忘了焊死。饱和蒸汽由四周缝隙短路而进入过热器，不起汽水分离作用。饱和蒸汽携带炉水进入过热器，炉水被蒸发，其所含的杂质沉积在过热器管中而引起堵塞爆管。经补焊后，过热器工作正常。

1.4.1.2　过热器爆管事故的判断及蒸汽溶解盐类引起过热器爆管

【例 14】某小型热电厂，采用中压锅炉，发生过热器爆管。经割管检查发现过热器爆管的弯曲部位大量积存灰白色物质。

事故调查时，根据运行记录及司炉反映，事故发生当时情况如下：司炉从仪表盘上发现引风机电流突然增高，蒸汽压力及温度都下降，而且接到汽机车间电话告知汽压、汽温都下降，均超过了规定的下限。司炉工立即向运行班长汇报。运行班长检查发现：锅炉水位正常、排烟温度下降、给水流量变动不大，但蒸汽流量显著下降。又观察：烟色发白，炉墙内有喷汽声。班长断定为过热器爆管，并立即向值班长汇报情况，取得同意后停炉。

停炉后检查，锅筒内网状汽水分离器正常，但其外框与锅筒壁接合处间隙过大。此外在结构尚未发现其他问题。

补给水为一级除盐，出水硬度及电导率都合格，但电导率在标准的上限。给水硬度、溶解氧及 pH 值都合格。运行中不进行蒸汽品质的测定，对铁、铜、钠、总含盐量、SiO_2 含量都不进行测定和控制。

生水为井水，其水质如表 1-9 所示。

井水水质 表 1-9

项 目	总硬度 (mmol/L)	总碱度 (mmol/L)	Ca^{2+} (mmol/L)	Mg^{2+} (mmol/L)	$Na^+ + K^+$ (mmol/L)	HCO_3^- (mmol/L)
数值	3.5	3.7	2.8	0.75	0.64	3.7
项 目	SO_4^{2-} (mmol/L)	Cl^- (mg/L)	SiO_2 (mg/L)	含盐量 (mg/L)	pH	相对碱度
数值	0	8.86	36	327.13	7.5	0.45

根据调查情况可断定：

（1）司炉发现问题汇报及时。司炉班长对事故的判断完全正确，汇报处理及时，说明事故判断时，已爆管，爆管前运行正常，确定此事故不是司炉人员的责任事故。

（2）事故产生的原因主要是由于水中含有可溶于蒸汽的 SiO_2 等物质，造成蒸汽的选择携带。

（3）锅筒内汽水分离器外框与锅筒壁连接处间隙稍大，对饱和蒸汽的汽水分离有影响,但从堵塞物的颜色来看,不是主要原因。

根据调查分析提出如下建议:

(1) 生水 SiO_2 含量较高,加强水处理,改"一级除盐"为"一级除盐 + 混床",并增加水质中 SiO_2 含量的分析、控制项目。

(2) 将汽水分离器外框与锅筒壁的间隙焊死,避免短路减少机械携带。

(3) 在运行上采取措施,减少蒸汽带水量。锅炉水位越高,锅筒容汽高度就必然减少,不利于汽水分离。保持允许的低水位运行不太安全,因此,尽量保持在中水位附近稳定地运行;负荷变化时,尽量使负荷升降缓慢平稳,特别是不要形成负荷骤增,压力骤降。压力剧烈下降,饱和温度也相应下降,锅水发生急剧的沸腾而产生大量蒸汽泡,穿过蒸汽面的蒸汽泡增多,蒸汽穿过容汽空间的流速加快,都会增加蒸汽带水量;避免超负荷运行,运行时的负荷应小于临界负荷。

1.4.1.3 蒸汽的杂质携带

【例13】及【例14】实质上都是蒸汽的杂质携带引起的事故。蒸汽的杂质携带包括机械携带(即水滴携带)和选择携带(又称溶解携带)两个方面。

虽然在蒸汽锅炉的上锅筒内装有汽水分离装置,但总不能使蒸汽中的水滴完全彻底地分离出去,锅水含盐量较浓,随着水滴带出盐类,即水滴携带而引起蒸汽含盐量增高这个概念很容易被接受。但溶解携带的概念则不易被接受,因为一般的概念都认为"蒸汽不溶解盐类"。实际上,虽然锅水中的盐类绝大部分都不溶于蒸汽,但也有一些物质能溶于蒸汽,它们有三类:

(1) 强电解质盐类,如 $NaOH$、$Ca(OH)_2$、Na_3PO_4、Na_2CO_3 等碱性物质,及 $NaCl$、KCl、Na_2SO_4、K_2SO_4 等中性

物质;

(2) 硅酸等弱电解质;

(3) 铁、锌、铬等腐蚀产物。

上述的盐类物质可溶于锅水,也可溶于蒸汽,但溶于蒸汽中的量比溶于锅水的量小很多,并且溶于蒸汽中量的多少与锅水中这种盐类溶解的量成正比。因此,表示每种物质的溶解特性,不用溶解度来表示,而用溶于蒸汽中的量 S_q 与在锅水中含量 S_{gs} 两者之比来表示。此比值在水处理中称为"分配系数" a,以百分比表示:

$$a = \frac{S_q}{S_{gs}} \times 100\%$$

锅炉压力不同,其选择携带的分配系数不同,压力越高分配系数越大。低压锅炉的分配系数很小,蒸汽污染主要是机械携带,而选择携带的污染可略而不计,可视为其分配系数为零,即蒸汽中不溶杂质。但对中压及高压锅炉,则选择携带的作用应予以考虑。

锅水中常见的盐类,按其分配系数的大小分为三类:

(1) 硅酸(SiO_2),它的分配系数最大;

(2) 钠和钾的氢氧化物和氯化物,它们的分配系数比硅酸小;

(3) Na_2SO_4、Na_3PO_4、Na_2SiO_3 等分配系数最小。

中压锅炉的选择携带主要考虑硅酸,有时还可以略溶解极少量的氯化物,其他物质可以略而不计。

低压锅炉因机械携带而在过热器中产生的沉积物多为大量碱性物质和铁,故呈黑色。由于硅酸而形成的沉积物则呈白色或者灰白色。

【例14】的过热器堵塞爆管,是选择携带和机械携带的共同作用,但以选择携带为主,沉积物呈灰白色。因此,应把除

去生水中的 SiO_2 放在第一位。

1.4.2 吹灰引起的管子磨损

【例15】 某锅炉房的锅炉错排管装有蒸汽吹灰器,吹灰效果很好。大修时将吹灰管抽出维护检查,一切正常,然后又将吹灰器装好。锅炉重新运行,吹灰效果不好,并有堵灰现象。停炉检查发现第一排管的管壁变薄,有几根管子破裂。

观察第一排管,很明显是被吹灰管喷出的蒸汽直接冲刷。吹灰管喷口的节距与锅炉管子的节距相同。正常位置吹灰管喷口正对第二排管中心。蒸汽从第一排管管间吹向第二排管,如图1-21 (a) 所示。这样两排管的灰都可吹去,而不会直接冲刷管子。

但是大修后安装吹灰管时疏忽,位置安装不当,将吹灰管的喷口直对第一排管中心。如图1-21 (b) 所示。因而,第一排管被冲刷,第二排管的灰不能吹去。将吹灰管的位置调整后,吹灰的效果又恢复正常。

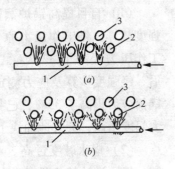

图1-21 吹灰管安装位置
1—吹灰管;2—第一排管;
3—第二排管

1.5 锅炉的爆炸事故

1.5.1 苛性脆化引起的锅炉爆炸事故

【例16】 1975年某自治区某县发电厂的1号锅炉,铆缝苛性脆化而爆炸。此锅炉是1926年英国制造的拔伯葛锅炉,1966年从外地拆迁至该厂,原蒸发量为7t/h,工作压力为1.036MPa

（表压）。1970年此发电厂安装时，为了配合3号机（1500kW）运行，经改造将蒸发量提高为12t/h。

1号锅炉在运行中爆炸，使双锅筒中的南侧锅筒飞离45m远，全部过热器管及部分排管砸弯变形，锅炉钢架、横梁全部折弯。两侧炉墙及前后拱都破坏。锅炉车间厂房大部分倒塌，邻近的2号锅炉和汽机车间也受到爆炸冲击损伤，也停止发电。所供化肥厂、水泥厂和小煤矿都被迫停产，地区农业电灌中断，损失重大。

总结造成事故的主要原因是：

（1）盲目提高锅炉蒸汽压力。为配合汽轮机的要求，未经强度核算，将工作压力原为1.036MPa提高到1.373MPa运行，工作压力提高了32.7%，水压试验高达1.765MPa。事故发生后，经强度核算及应力测定，当工作压力提高至1.373MPa时，锅筒应力提高了35%，已接近金属的屈服强度。由于锅筒应力大幅度增高，大大地加快了苛性脆化的发展。

（2）锅水碱度过高。对锅水相对碱度无具体要求，不予控制。将原设计的化学软化加酸除碳装置擅自拆除。事故发生后按给水水质计算，锅水相对碱度为0.43左右，超过水质标准规定0.20的一倍多。

（3）锅筒铆缝泄漏，1974年大修时，曾发现锅炉铆缝有两处渗漏，未予处理。

（4）违规操作，运行失常。锅炉运行规程规定汽压波动不得超过±0.049MPa，常使汽压在1.275~1.471MPa范围内波动，有时达到1.569MPa。但当锅炉遇有故障，汽压又突然降到1.177MPa运行。

司炉不注意监视水位，缺水常有发生，而急速补水或减弱燃烧，使锅筒骤冷骤热。

苛性脆化是一种沿金属晶间边缘而发展的一种腐蚀。其机理是金属构件的局部在高应力作用下,使金属的晶粒与晶粒的边缘产生电位差,形成腐蚀微电池。晶粒边缘的电位比晶粒本身低很多成为阳极,沿金属晶粒边缘遭到腐蚀,故又称晶间腐蚀。

苛性脆化必定要同时具备三个条件,即:

(1) 炉水含有较高浓度的具有侵蚀性的游离碱;
(2) 在锅炉结构上有造成炉水局部高浓度浓缩的条件;
(3) 在金属中有接近其屈服点的拉伸应力。

不难看出,此实例具备全部条件。

低压锅炉的水质标准《低压锅炉水质》(GB 1576—2001)中,规定相对碱度<0.2,以避免发生苛性脆化。其原理是相对碱度<0.2,表示中性盐占80%以上,锅水蒸发后这些中性盐就干涸而将闭塞在晶缝间隙,将碱性结晶屏蔽而避免产生苛性脆化。

"相对碱度"这一规定是参照原苏联20世纪50年代的锅炉水质标准而制订的。现在锅筒已不用铆接而改为焊接,管子用胀接或用焊接。因此,原苏联科学技术委员会已作了如下的修订:

(1) 对铆接锅炉,仍定为相对碱的应不大于0.2;
(2) 对于锅筒是焊接,而管子与锅筒是胀接的锅炉,相对碱的应不大于0.5;
(3) 对全部为焊接的锅炉,可不规定这一指标。

但我国2001年修订的水质标准仍规定相对碱度应不大于0.2。

锅炉爆炸时,大量的汽、水从裂口冲出,撕开突破口,是全部的汽、水与外界相通,锅炉从工作压力骤然降至大气压。在降压过程中汽和水的热焓都显著地减少,放出的大量热量使降压后的水转化为蒸汽,体积迅速膨胀。这个过程在 $1/10 \sim 1/20s$

的时间内迅速完成，而形成强大的冲压波，具有很大的破坏力，对周围的设备和建筑物造成严重破坏，还常造成人身伤亡，它是最为严重的锅炉事故。

锅炉发生爆炸事故后，除防止事故扩大或抢救人员而采取必要的措施外，一定要保护好现场，以备调查分析。并应立即向主管部门及当地劳动部门上报，组成事故调查组，查清事故发生的原因，提出改进的措施和对事故责任人的处理意见。

刘【例16】"造成事故的主要原因"，是经原电力部和国家劳动总局组成的事故调查组调查后查明的结论。此事故原电力部和国家劳动总局都分别向全国有关部门发文通告。

1.5.2 一场未遂的锅炉爆炸事故

【例17】某县开发区的一个新建的供热站，由于开发区的工厂在陆续建设中，近两年内负荷很低，但已建的工业企业又迫切需要供汽。因此供热站在铺设管网的同时先建立一个临时锅炉房，先拆迁两台 SZL 6.5t/h 的旧锅炉，同时筹建正式锅炉房。临时锅炉房的两台锅炉安装时已运行了17年。除锅炉班长为老司炉工外，炉前司炉工均为就地招工，经过培训持证上岗的新工人。

一天交接班前，炉前司炉工清扫卫生的过程中，忽然发现锅筒上的水位计看不到水位了，但高低限水位报警器没有发出信号。司炉工认为可能是假水位，拟先"叫水"，若是严重缺水，立即大量上水。幸而司炉工先向班长报告，班长根据水位及远程水位表等情况判断是严重缺水，高低限水位报警器失灵，阻止了"叫水"，并立即大量上水，采取了紧急停炉的措施，从而避免了一场锅炉爆炸事故。

严重缺水有可能水位在最高火界以下，锅筒局部已灼热，若大量上水，骤冷会引起锅炉爆炸。若先进行"叫水"也可能使事故扩大。此锅炉紧急停炉期间，就爆了一根水冷壁管（部位在烟气流向燃烬室一侧，从炉前向后数第5根侧水冷壁管）。停炉后检查两侧水冷壁有30多根管子严重变形，管外可见灼烧的外表。

第二章 锅炉出力不足、效率低及运行中的故障

2.1 锅炉出力不足及效率低

2.1.1 热水锅炉由于水流阻力和空气预热器堵灰、漏风影响出力

【例18】某市热力公司的一处集中锅炉房装有四台 QXL900-13-95/70-AⅡ型热水锅炉,第一年建成两台,采暖季开始供热。第二年四台完全建成,并投入运行。该锅炉经过三个采暖季的运行,发现以下问题:

(一)第一个采暖季,末端用户由于外网压头过低,部分用户不暖。实测末端压力远低于管网水力计算的计算值。复核水力计算中各管段的阻力计算,未发现问题,而锅炉的水阻力值是取自于锅炉厂提供的数值0.101MPa,经实测锅炉的水阻力在额定流量360t/h时为0.187MPa。经分析研究,认为水阻力大的部位可能是尾部的11组对流管束。又对锅炉对流管束从进水口到出水口进行全面测试。选择了15个测压点,每个点都安装压力表。实测结果证实估计是正确的,这11组对流管束的水阻力实测为0.16MPa,而锅炉厂《水阻力计算书》提供的数值仅为0.064MPa。

进一步分析造成11组对流管束阻力过大的原因何在。笔者

认为其原因有二：

（1）对流管伸入上、下联箱的长度超过图纸要求太多，有的达到 70mm；

（2）每组对流管束，上、下联箱的连接管（4 根 $\phi133 \times 6$）截面太小。

针对水流阻力过大，水泵扬程不够，提出两个方案：

（1）更换水泵，增加扬程；

（2）对 11 组对流管束部分进行局部改造减少阻力。

第（1）方案需初投资较大，并且更换后电耗增加很多，因此都倾向于进行改造的第（2）方案。但第（2）方案若从改造对流管端伸入联箱的长度入手，十分困难。故确定先从增大连接管截面入手，将 $\phi133 \times 6$ 管改为 $\phi159 \times 7$，截面增加 29%。改变连接管通径后测试，锅炉的水阻力为 0.09MPa，达到了《水阻力计算书》的数值，供热系统的水力工况也满足了要求。

（二）第三个采暖季，供热面积增加后发现锅炉出力困难，炉温上不去，排烟温度明显下降，当煤层厚度超过 110mm 时，显得送风不够，锅炉出力还达不到 60%。决定先对引、送风系统、空气预热器及燃料系统进行全面核查与测试。

首先对送、引风及其系统进行测试。送风机要求全压为 137.50mm 水柱，实测仅有 60～80mm 水柱。引风机要求负压 126.94mm 水柱，实测竟达 190～208mm 水柱。测试说明送风机送到炉排下的风量和风压都不足，而引风机负压过高。

检查空气预热器，发现多处不密封，有些地方空气与烟气相通；空气在管内流动，烟气在管外流动，管外堵灰严重，无法清灰。

检查炉排下的风室，发现各风室的调节阀不灵活，不能合理调节各风室的进风量，且分室间不严密。送风机由室外进风，进风管高达 6～7m，阻力很大。

燃料系统：破碎性能不好，煤的颗粒过大，大颗粒的煤块从炉前煤斗落至炉排上后，向炉排两侧滚动，造成炉排两侧漏风量大，炉排上煤的粒径分布不均，影响燃烧效率；煤的水分过少，煤的着火线过于接近煤闸板。

经测试，循环水量过大，设计流量为360t/h，实测达到440t/h。

全面检查与测试后，掌握了影响出力的问题，针对这些问题进行改造或改善：

（1）将空气预热器由垂直放置改为横向放置，适当地加大管径和壁厚，并改为烟气从管内流动，空气从管外流动。用铁板彻底密封，避免空气侧与烟气侧串通和减少漏风。

（2）检修炉排下风室及风门，取消送风机的室外进风管，改为室内就地进风。

（3）改善了煤的破碎及筛分系统，向煤中适量地喷水，增加煤的含水量。

（4）改变"大流量、小温差"的运行方式，将循环水量调到设计值。

经过这些措施，锅炉出力大幅度提高，并且锅炉热效率也得以提高。

该锅炉房改进的经验很值得借鉴。他们的做法是：

（1）对存在的问题，根据现象进行分析，提出问题可能的产生原因。然后通过调查、察看和力所能及的测试，取得数据和情况，来讨论、判断真实的原因。

（2）原因明确后，针对这些原因考虑改进的各种途径与措施。按照技术及经济条件的可行性，先易后难地选择措施与方法。

（3）分析考虑问题时要全面，细小问题也不放过，又要抓住解决问题的重点与关键，措施完成后要确定效果、总结经验。

他们科学不盲从的态度和敬业的精神，使故障的排除能顺利地一次成功，能做到投入少、见效快。

2.1.2 全面测试分析改进提高锅炉出力和效率

2.1.2.1 锅炉房设备及出力、热效率低的概况

【例19】 某市某某小区集中供热锅炉房共有3台 QXL900-13-95/70-AⅡ型热水锅炉，铭牌出力为10467kW。单层布置，上煤方式为：移动式倾斜皮带运输机→多斗提升机→水平皮带运输机。除灰方式为：水力冲灰，炉排下漏煤及灰也冲至冲渣水沟→湿式框链刮板除灰；除尘为麻石水膜除尘。引、送风机由锅炉厂配套供应。

开始投运的第一个采暖期，按供热负荷估计锅炉达不到额定供热量；按耗煤量估算锅炉热效率较低。3台锅炉运行情况基本相同，尤以2号锅炉运行情况最差。该热力公司决定在第二个采暖期前，对2号锅炉进行全面测试，摸清情况，分析原因，加以改进。

2.1.2.2 热平衡及引风机测试与出力不足的原因分析

（1）首先进行热平衡测试，其主要数据列于表2-1。测试时引风机风门开度已达近100%，负荷率最高为68%，锅炉热效率为63.18%。

热平衡主要测试数据表　　　　表2-1

序号	项目名称	符号	单位	数据
1	入炉煤含碳量	C^y	%	50.19
2	入炉煤灰分	A^y	%	32.16
3	燃煤可燃基挥发分	V^r	%	35.18
4	煤的应用基低位发热量	Q^y_{dw}	kJ/kg	19121
5	灰渣及漏煤含碳量	R_{hz+lm}	%	34.82

续表

序号	项目名称	符号	单位	数据
6	固体不完全燃烧热损失	q_4	%	25.524
7	排烟处过量空气系数	α_{py}	—	1.35
8	排烟温度	t_{py}	℃	126.30
9	排烟热损失	q_2	%	4.296
10	排烟处烟气 CO 含量	CO	%	0.85
11	气体不完全燃烧热损失	q_3	%	5.404
12	散热损失	q_5	%	1.60
13	水循环流量	G	t/h	591.22
14	供水平均温度	t_j	℃	47.43
15	回水平均温度	t_n	℃	37.04
16	负荷率	f	%	68.25
17	锅炉热效率	η	%	63.18

（2）引风机型号为 Y4-73-11D，配 55kW 电动机，其产品性能如表 2-2 所示。对引风机在输送气体温度分别为 15℃ 及 72℃ 进行冷态及热态引风量及风压的测试，数据列于表 2-3 和表 2-4。

引风机产品性能　　　　　表 2-2

风压（mm 水柱）	风量（m³/h）	风机效率（%）	电动机功率（kW）
248	43900	83.70	
248	49300	88.60	55
245	54700	91.20	
239	60100	92.50	
230	65500	93.00	
215	71000	90.05	75
196	76400	87.20	
175	81800	84.00	

引风机冷态（风温15℃）试验数据　　　　表 2-3

项目＼开度	40%	33%	28%	22%	17%
风量（m³/h）	38574	34360	33924	29980	28190
风压（mm 水柱）	145	92.4	87	76	59
电机电流（A）	100	95	90	80	75

引风机热态（风温72℃）试验数据　　　　表 2-4

项目＼开度	100%	72%	50%	34%	17%	100%（清灰后）
风量（m³/h）	33873.8	34097.4	31082.0	30297.6	25068.6	35487.1
风压（mm 水柱）	331.8	325.1	314.0	294.3	125.6	285.7
换算200℃风压（mm 水柱）	242.0	237.3	229.2	214.8	91.7	208.6
电机电流（A）	90	85	85	—	70	85

引风机叶片采用的是后向型叶片，在湿式除尘器后工作，投运的第一个采暖期，因振动过大影响运行。后来在风机的叶片端部打上了小孔，目的是将沉积在叶片的水甩出。打孔后风机振动减轻，但仍有振动。打孔使引风机的效率下降。

从热平衡及引风机测试数据可以看出：

a）热平衡测试负荷率为68%时，引风机风门开度已达100%，从表 2-4 可以看出此时风量为 33873.8m³/h，风压为242mm 水柱，电机电流为90A。按此风量估算达100%负荷时引风量（烟气量）应约为 50000m³/h，因此可以断定引风机的风量不足，是限制出力提高的主要原因。

b）按引风机热态测试，68%负荷风门100%开度时，风压为242mm 水柱，额定负荷时需风压还要高，但按锅炉厂提供的空气动力计算书数据，额定负荷时所需引风压头仅127.0mm 水柱，相差过于悬殊。因此，又进行了阻力的实测及与锅炉厂计算书的校核工作。

(3) 实测阻力值及对厂方空气动力计算书校核数值都列于表2-5。从表中第Ⅰ、第Ⅱ及第Ⅲ栏比较可以看出：

空气动力计算主要数据结果汇总表（mm 水柱） 表2-5

序号	名称 项目 \ 序号	厂方空气动力计算书数据（额定负荷）Ⅰ	校核厂方空气动力计算书数据（额定负荷）Ⅱ	按实际施工尺寸校核厂方空气动力计算书数据（额定负荷）Ⅲ	按实测数据进行空气动力计算（70%负荷）Ⅳ	实测阻力（静压值）（70%负荷）Ⅴ	折算至额定负荷时*空气动力计算 Ⅵ
1	炉膛负压	2	2	2	3	3	3
2	燃尽室阻力	0.84	0.73	0.75	0.88	—	2.26
3	一级对流管束阻力	2.47	5.36	5.90	6.89	—	16.30
4	二级对流第一回程阻力	—	14.35	10.00	15.22	—	282.00
5	二级对流第二回程阻力	—	13.70	15.11	22.48	—	42.80
6	第1项至第5项阻力之和	—	35.14	33.76	48.47	46	92.58
7	二级对流第三回程阻力	—	12.49	14.20	21.83	—	37.40
8	二级对流管束总阻力	19.03	45.50	45.17	68.50	—	108.40
9	空预器阻力	30.34	97.60	97.60	179.70	—	265.40
10	第6项第7项及第9项阻力之和	54.68	133.83	134.16	250.00	235	395.40
11	除尘器阻力	50.00	100	100	99.30	—	100.00
12	烟风道阻力	—	0.47	0.47	0.45	—	1.14
13	烟囱阻力	—	4.50	4.50	4.16	—	6.98
14	自生风	—	8.08	8.08	3.40	—	3.40
15	未修正吸入段阻力	—	—	—	358.30	—	492.8
16	排除段阻力	—	4.97	4.97	4.61	—	8.12
17	全部修正后烟道阻力	—	263.90	264.20	373.60	—	516.10
18	烟道全压降	106.00	255.80	256.10	370.20	331.8	512.70
19	所需引风压头	127.00	217.90	218.20	270.20	241.6	384.50

＊额定负荷时风量折算按负荷比例进行。

a) 锅炉厂的空气动力计算书有较多的错误,不得作为计算的依据;

b) 从第 11 项除尘器的阻力比较看出锅炉空气动力计算书中,除尘器系按干式除尘器的阻力计算,而实际情况已改为湿式除尘,阻力增加很多。

除上述两项原因外,锅炉各部分积灰,也是阻力增大的一个原因。在运行中对流管束未清灰和清灰后分别进行测试,都在引风风门全开的条件下,对流管束清灰后引风机风量增加 1613.3m³/h,风压降低 45.8mm 水柱。锅炉停运后,进入炉体观察,发现在燃烬室 I 的底部,及第一级对流管束区 II 的底部(见图 2-1 之(c))积灰严重,运行中无法清灰;横向隔墙后的第一段对流管束(图 2-1(b)之 IV)灰层约 10~12mm 左右,第二段对流管束(图 2-1(b)之 V)入口处也积有约 10mm 灰垢;空气预热器管束积灰约 1mm 左右;空气预热器入口弯角部位有灰堵塞现象。观察第 1 号及第 3 号锅炉,现象也相似。

2.1.2.3 热效率低的原因分析及有关测试

热平衡测试结果热效率为 63.18%,测试是在采暖季开始试行供热阶段进行的,室外温度较高。正式供热时期,特别是室外温度最低时期,为了保证供热量,尽量增加燃煤量,不完全燃烧热损失更大,因此实践运行时的热效率还要低于热平衡测试得到的数值。

从热平衡测试的结果,各项热损失为:$q_2 = 4.296\%$;$q_3 = 5.404\%$;$q_4 = 25.524\%$;$q_5 = 1.6\%$。显然热效率低的主要原因是 q_4 过大,测得灰渣及漏煤的含碳量($R_{HZ} + 1m$)达 34.82%。造成这种结果的原因,不外乎以下两方面:

(1) 炉膛温度低。热平衡测试共进行 6h,炉膛温度共测 71 次。最高 960℃;最低 850℃;平均 908.45℃。为了摸清炉膛温度与燃煤量及燃烧情况的关系,又进行了燃烧情况的试验,测定炉膛温度、燃煤量、灰渣含碳量的数值，并观察燃烧情况，其结果列于表2-6，表中煤层厚度70mm及炉排中速 D 档，为热平衡测试时的工况。由于炉膛温度低，致使各部分受热面的烟气温度都相应偏低，排烟温度也较低，热平衡测试时 t_{py} = 126.3℃。炉膛及各部分受热面处烟温较低，必然影响燃烧效率及传热效果。

（2）风量不足，燃烧不完全。这从 α_{py} = 1.35 可以说明。热平衡测试及燃烧情况的试验时，都是在引风机开至最大，保持炉膛负压为 2~3mm 水柱情况下进行的，风量不足，不仅限制了出力的提高，同时也是使燃烧不完全、热效率下降的原因。

燃烧情况及测试数据　　　　　　　　表2-6

煤层厚度 (mm)	炉排档次	炉排速度 (m/h)	燃煤量 (kg/h)	炉膛温度 (℃)	观察情况	灰渣含碳量 (%)
70	中速 D 档	7.54	1794.5	850~960	炉排尾部仍有大量的红火，大量的碳未燃烧而被排走	34.82
70	中速 E 档	8.37	1992.1	900~1100	燃烧不完全更加明显，在炉排的尾部为主要燃烧区	40.00
70	中速 B 档	5.88	1399.4	750~800	燃烧较完全	
80	慢速 E 档	4.22	1147.8	600~650	燃烧完全，出渣是白色	
90~100	中速 D 档	7.54	2307.2	950~1100	燃烧不完全，排渣全是黑煤	42.18

注：炉排宽4000mm，煤的堆积密度按 0.85t/m³ 计算。

从表2-6可以看出，炉膛温度是随着燃煤量的提高而升高的。但燃煤量再增大，q_4 也越大，热效率并不能提高。若解决风量不足的问题后，燃煤量提高，炉膛温度也随之升高，才会

使 q_4 减小。因此，在炉膛温度和送风量不足这两个原因中，风量不足是主要矛盾。只有增大燃煤量，同时提高风量，才能改进燃烧，提高热效率，同时可以提高锅炉出力。热平衡测试时，引风机风门开至最大，但送风机风门开度很小，因此断定风量不足的原因不在送风机，而在引风机。

空气预热器积灰，不仅造成阻力，而且影响传热，使预热空气温度低，也不利于燃烧。

2.1.2.4 提高锅炉出力及热效率的改造措施

通过测试与分析，明确阻碍提高锅炉出力和热效率的原因，针对存在的问题，采取以下的改善措施：

(1) 检修引风机，并将现有的 55kW 电动机，改为 75kW 电动机

锅炉运行风量不足的原因不是送风机，而是引风机的风量不够。按表2-4引风机热态试验的数据，引风机风门开度为100%时，风量 Q 为 33873.8m³/h，风压 H 为 242mm 水柱，电机电流为 90A，尚未达到额定电流 100A，此时电动机功率 N 小于 55kW。若电动机容量储备系数 $K=1.3$，则此时风机效率 η_F 为：

$$\eta_F = \frac{Q \times H}{102 \times N \times 3600 \times 0.98} \times K$$

$$= \frac{33873.8 \times 242}{102 \times 55 \times 3600 \times 0.98} \times 1.3 = 53.84\%$$

当引风机的电动机电流达到额定电流 100A 时，其风量及风压还可略为提高，风机效率 η_F 也还会高些，设为 65%。按负荷为 68.25% 时，引风风量估算锅炉达到满负荷时所需引风量约为 50000m³/h。则电动机所需功率 N 为：

$$N = \frac{Q \times H}{102 \times \eta_F \times 3600 \times 0.98} \times K$$

$$= \frac{50000 \times 242}{102 \times 0.65 \times 3600 \times 0.98} \times 1.3 = 67 \text{kW}$$

从表2-2引风机产品性能所示，在锅炉 $Q = 50000\text{m}^3/\text{h}$，

$H = 242\text{mmH}_2\text{O}$ 时,电动机功率为 55kW 应可以承受。但引风机的实际风机效率仅为 65%,远低于 83.7%~91.2%,因而引风机的电动机功率必须提高。

所用的引风机,可配 55kW 电动机;也可配用 75kW 的电动机,配不同功率电动机的各项性能参数列于表 2-2。电动机功率改为 75kW 后,即使风机效率 65%,电动机功率仅需 67kW,可满足锅炉满负荷时对风量和风压的要求。

从上述的计算和分析,原用引风机型号不变,只将原为 55kW 的电动机改为 75kW 的电动机就可达到目的。这项措施除换电动机外,只要局部的改变风机基础和更换电缆即可实现。

在改换引风机的电动机前,还对引风机进行检修,消除了振动,修理和改善了风机入口导向调节阀的阀门开度调节装置等。

(2) 改造空气预热器

此锅炉的空气预热器由 627 根 $\phi 40 \times 1.6$ 的立管组成,空气在管内流动,烟气在管外流动,管子共分三组串联。每组沿烟气流通截面横向 11 根,节距 S_1 为 70mm;纵向为 19 排,节距 S_2 也为 70mm,两侧管壁与墙面间距 5mm,管子均为顺列。由于烟气在管子外面流动,并且管径小,节距也小,管间烟气流通部分仅 30mm 宽,烟气换过管子的排数多,共为 $19 \times 3 = 57$ 排,再加上管外易积灰,烟气转弯部位有堵塞现象,因而造成阻力过大。

此锅炉房所用热水锅炉及空气预热器的型号及构造与【例 18】完全相同,【例 18】空气预热器的改造方法是改成水平放置,烟气在水平管内流动,空气在管外流动〔见 2.1.1 节的改造措施之 (1) 〕。对这种改造进行调查研究,认为存在以下三个缺点:

(a) 烟气从横管内流过积灰严重,清灰困难;

(b) 空气侧阻力增加很多,影响送风机的风量、风压;

(c) 改造工作量较大。

因而未予采用。

最后采用的方案是：

空气预热器向炉后扩展 410mm，管径改用 $\phi 60 \times 1.8$mm。

管子共分三组顺列：每组横向 10 根，$S_1 = 120$mm；纵向 13 排，$S_2 = 100$mm；烟气掠过 $3 \times 13 = 39$ 排管子；管子总数为 $3 \times 13 \times 10 = 390$ 根。

采用方案的计算值与理论设计计算值的比较列于表 2-7。

采用方案及理论设计计算值对比　　　　表 2-7

项　　目	采用方案计算值	理论设计计算值
排烟温度（℃）	182	170
热空气温度（℃）	110	126
受热面积（m²）	183.7	197
烟气流通截面（m²）	1.4	0.755
空气流通截面（m²）	0.97	0.67
引风机风量（m³/h）	50000	38711
所需引风机压头（mm 水柱）	238	218.2
所选引风机压头（mm 水柱）	245	245

（3）改善炉排下分区送风仓和提高烟风系统严密性

对炉排下分区送风各风仓间的窜风、风仓与外界密封不严密的地方都进行堵漏。分区送风风门的严密性和灵活性都进行检修，消除存在的分区送风风门调节失灵的现象。对风管及烟管的不严密处、除尘器的不严密处、引风机进口的软接口和排气管道法兰接口处等，都进行严密性的检查与检修。

（4）锅炉本体烟气流程的改进

锅炉原来的烟气流程是：

从炉膛上部进入燃烬室Ⅰ；再从隔墙的下部流入放置第一级对流管束的小室Ⅱ；又由小室Ⅱ后隔墙的上部进入积灰小室Ⅲ，并水平穿过小室Ⅲ直接通过横向隔墙进入第一段对流管束

Ⅳ，如图2-1（c）所示。结果造成燃烬室Ⅰ及小室Ⅱ的底部积灰，无法清灰。而由于烟气穿过积灰小室时，是由上部水平通过，落差很小，灰不下落，造成积灰小室不积灰，而大量的灰仍随烟气流至横向隔墙后的对流管束，使其积灰。

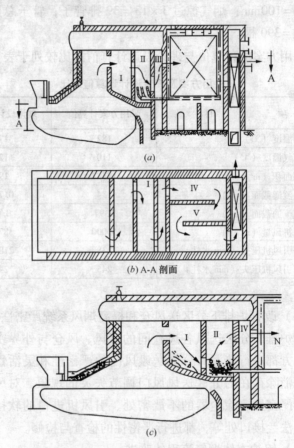

图2-1 锅炉内烟气流程及其改进
（a）、（b）改进后烟气流程；
（c）原来燃烬室及第一级对流管束的烟气流程及积灰示意
Ⅰ—燃烬室；Ⅱ—第一级对流管束；Ⅲ—积灰小室；
Ⅳ—横向隔墙后第一级对流管束；
Ⅴ—横向隔墙后第二级对流管束

改造后，仅将燃烬室Ⅰ与小室Ⅱ间隔墙的烟气流通口由下部改为上部及将小室Ⅱ后墙上的烟气流通口由上部改为下部，如图2-1（a）、（b）所示。改造后，使积灰小室充分发挥灰粒沉积的作用，使烟气中大量的灰都沉积在积灰小室底部。这样积灰可以在运行过程中清除，并且减少烟气流至横向隔墙后的含灰尘量。

经上述各项改造和检修后，锅炉出力和热效率都达到要求。

2.1.2.5 【例18】与【例19】的对比

【例18】及【例19】所采用的锅炉型号相同，空气预热器的构造完全相同，在寻找存在问题，分析取得解决方法的途径及经验也很相似。只是【例19】做了更多的测试，取得更丰富的数据和情况，比【例18】更加科学。但是【例19】前期测试、分析、计算的工作量要大得多，该单位是与高等院校及科研机构合作共同进行的。而【例18】的单位是就本单位的力量，量力而行，进行必要的，又是力所能及的前期工作。

【例18】及【例19】采用相同型号的热水锅炉，但需要解决的问题不同，当然要采取不同的措施。即使锅炉型号、构造完全一致，需要解决的问题完全一样，也不应该对自己的情况不做任何分析研究，就套用别人的经验与措施。因为一则主要设备完全相同，辅助设备还可能有差异，其他如煤质、水质、工人水平、管理水平、经济力量等条件上也不相同。再则，任何经验或先进技术都是在不断发展的，先进的经验解决了主要的问题，但在实践中也可能会发现新的问题或不足之处，需要不断地改进提高。

两例中空气预热器的构造，存在的问题都完全一样，但【例19】并没有沿用【例18】的做法，而是调查研究，发现它的三个缺点，而提出新的、更完善的方案，这种做法也值得借鉴。

2.2 盲目采用分层燃烧技术的负效应

2.2.1 分层燃烧是链条锅炉提高出力和热效率的有效措施

链条炉排运行中常存在以下问题：

(1) 煤由炉前上方煤斗向下供至炉排，垂直压力较大，和煤闸板的挤压，使炉排上的煤层比较密实透气性差，通风阻力大，送风机电耗增加；

(2) 炉排上煤层中，煤的粒径大小不等，形成"无序掺混"，造成炉排上通风分布不匀，易于生成"风口"或漏煤过多；

(3) 向炉排上加煤时大块易向炉排两侧滚动，造成炉排两侧块煤多，而细碎煤粒则在中部较多，两侧容易漏入冷空气，使炉温下降，过剩空气系数上升。

结果是煤不易烧透，排渣含碳量高，锅炉出力和热效率都下降。特别是燃用的煤种与锅炉要求不吻合，燃用挥发物少、灰分多、碎末多的劣质煤时更为显著。有些链条炉出力仅达75%~90%，个别为65%左右；热效率仅达60%~70%左右；灰渣可燃物为13%~17%，个别达24%~30%。

这些出力和热效率较低的链条锅炉，采用分层燃烧装置后出力和热效率都得到不同程度的提高。出力比改前提高14%~30%，个别有达50%以上的；热效率比改前提高5%~15%者较多；灰渣的可燃物比改前降低3%~10%，个别达13%或19%。

任何先进的成熟的技术与经验，都是在一定条件下解决一定的问题。这就好像任何良药，都适用一定的病情。分层燃烧技术也不例外，虽然它已证实是链条锅炉提高出力和热效率的较实用和较成熟的技术，但也不是每台不同情况下的链条炉都适用。采用前必须对出力不足或热效率低的原因进行具体分析，找出症结所在，对症下药，切不可盲目采用。否则不仅达不到预期的效果，还可能会带来负面的结果。以下列举三个盲目采用分层燃烧技术的实例。

2.2.2 采用分层燃烧加剧了炉排片烧毁的故障

【例20】某工厂供生产及采暖用汽，锅炉房装有4台SHL-20t/h蒸汽锅炉，由三家锅炉厂生产。其中1号及2号锅炉由一家锅炉厂生产；3号及4号锅炉分别由另两家锅炉厂生产。1号、2号及4号锅炉的构造及性能都基本相同，出力都可达到或接近20t/h。而3号锅炉制造厂家进行构造上的改变，原意是想让它更适合燃用劣质煤。改后出力和热效率反都下降，出力最高仅为15t/h；热效率仅达60.4%。而且连续运行时间较长时，常会有个别链条炉排片烧毁，需要更换而频频停炉。为了提高其出力和热效率，将3号炉加装了分层燃烧装置。改后出力提高至20t/h，提高了33.3%；热效率提高至77.3%，提高了16.9%。但是运行很短时间，炉排片就大面积地烧毁，以致不能连续运行。

经对3号炉构造上的改变，进行了解与分析，其情况如下。原意是燃用劣质煤的可能性，将部分锅炉的蒸发受热面减少，在其部位加装了一组空气预热器，以提高预热空气的温度。改装后3号炉与1号、2号及4号炉对比（以4号炉为例）可以看出：

（1）3号炉预热空气温度提高很多，略超过200℃，而链条炉排规定其预热空气温度不得超过200℃，这就使连续运行时间较长时，炉排片有烧毁现象的原因。

（2）4号炉的蒸发受热面为487m^2，若按每平方米蒸发受热面的蒸发率为40kg/h估算，4号炉出力为19.48t/h，实测可达

20t/h。而 3 号炉的蒸发受热面减为 $378m^2$,估算出力仅为 15.12t/h,实测为 15t/h。

加装分层燃烧装置后强化燃烧,各处烟气温度都提高,而使出力和热效率都有所提高。但是烟气温度提高,空气预热器的受热面增加,使预热空气温度远高于 200℃,造成炉排片烧毁不能连续运行。

从上述分析得知,3 号炉出力不足和热效率低的根本原因是蒸发受热面不够,不应盲目采用加装分层燃烧装置。分析出原因后,拆除了增加的一组空气预热器,在其地位加装了一组蒸发受热面。增加蒸发受热面后,不用加装分层燃烧装置,出力和热效率都可达到要求,而且同时避免了炉排片烧毁的故障。

2.2.3 采用分层燃烧增高了灰渣的含碳量

【例 21】 某供热公司的锅炉房,一期装有两台 DZL29(MW)-1.25/120/65-AⅡ三锅筒纵置式热水锅炉,这种锅炉没有省煤器及空气预热器等尾部受热面。应用户的要求,两台热水锅炉安装前都加装了分层燃烧装置以提高出力和热效率。

此锅炉于某年 1 月下旬开始运行,其灰渣中可燃物含量很高。表 2-8 所列为该年 2 月份及 3 月份运行的实际数据:

灰渣中可燃物 表 2-8

月 份	测定数据数目	平均值(%)	其中(%)		
			甲班	乙班	丙班
2 月份平均	58	14.95	15.71	14.59	14.56
3 月份平均	62	15.86	16.96	15.06	15.52
2 月及 3 月份平均	120	15.42	16.42	14.82	15.06

注:最高值 31.02%,出现于 3 月 16 日甲班;
　　最低值 11.68%,出现于 3 月 5 日乙班。

一般不装分层燃烧装置的链条炉运行较好时，灰渣中可燃物应小于10%。现在加装了分层燃烧装置，灰渣中可燃物平均竟为15%，最高达30%，其原因何在？

分层燃烧装置共有三种：

(1) 煤经如图2-2所示的装有螺旋给煤机的机械分层装置，中颗粒的煤通过粗筛板1，但不能通过细筛板而从（C）部位落至空炉排上。小颗粒的煤通过粗筛板和细筛板而从（B）部位落至中颗粒煤层上。大颗粒的煤不能通过粗筛板，被螺旋给煤机输送至尾部由（A）部位落至小颗粒煤层上。这样就使炉排上煤层分为三层，最底层为中颗粒煤；中间层为小颗粒煤；最上层为大颗粒煤。粉末状的煤则由风机吸入炉膛中燃烧。

(2) 煤经过如图2-3所示的风压分层装置，则炉排上煤的分层情况就不相同。煤加至炉排上后，运动至分层风口时，中、小颗粒的煤被吹扬起来，因此大颗粒煤在最下层。离分层风口后，中颗粒煤先落在大颗粒煤层上形成中间层，小颗粒煤最后落下形成最上层。

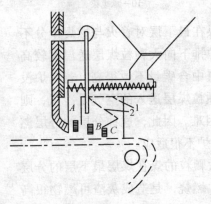

图2-2 装有螺旋给煤机的机械分层装置

1—粗筛板；2—细筛板

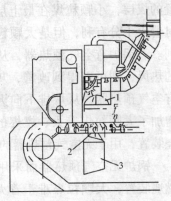

图2-3 风压分层装置

1—分离室；2—分层风口；3—高压风管

(3) 煤通过如图 2-4 所示的滚筒给煤机的分层装置,则炉排上煤层的分层是大颗粒煤经导向滑板落至空炉排上成为最下层。中颗粒煤通过上层粗筛落在大颗粒煤层上形成中间层。小颗粒煤通过上层粗筛板,又通过下层细筛板落在中颗粒煤层上,形成最上层。目前我国采用的都是这类分层燃烧装置,此锅炉房加装的分层燃烧装置,也是采用这类链轮带动滚筒给煤机的分层燃烧装置。

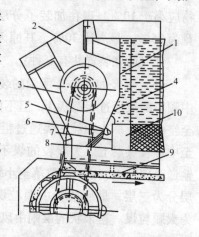

图 2-4 链轮带动滚筒给煤机的分层燃烧装置

1—外壳;2—进口;3—滚筒;4—导向滑板;5—凸轮;6—摇柄;7—筛子;8—出口;9—链条炉排;10—承重梁

链条炉排煤着火的热源是炉膛反射的热,着火及燃烧都是由煤层表面向下进行。链轮带动滚筒给煤机的分层燃烧装置的煤层,小颗粒煤在最上层,对着火十分有利,但是大颗粒煤在最下层对着火与燃烬十分不利。若锅炉有空气预热器,从炉排下向大颗粒煤层送温度较高的热风,则可以得到改善,灰渣中含碳量不致很高。若锅炉没有空气预热器,从炉排下向大颗粒煤层送入的空气是冷风,则增加了大颗粒煤着火、燃烬的困难。因此,这种分层的分层燃烧装置,用于无空气预热器的锅炉不很适应。

锅炉无空气预热器而采用大颗粒的煤在煤层最下层的分层燃烧装置,大颗粒煤难于着火、燃烧,是造成灰渣可燃物很高的原因。另外有一锅炉房,在无空气预热器的 6.5t/hSZP 锅炉上也采用这种分层燃烧的方式,也得到相同的现象。

询问锅炉房为什么新锅炉尚未运行,还不知道其出力及热效率是否可达到要求就加装分层燃烧装置？回答是因为该市节能的管理部门颁发的文件规定，本市所有 10t/h（或 7MW 以上的）正转链条炉排锅炉必须都装分层燃烧装置。这种不考虑具体情况，以行政命令强制采用某种技术是不妥当、不科学的，常会带来盲目性，或技术上的不合理、不经济。

新锅炉尚未运行就加装分层燃烧，若锅炉原本出力和热效率已可达到规定的额定值，就增加了不必要的投资，因为锅炉不宜长期超负荷运行。而热效率不一定可以再提高。本例所述的锅炉房除增加灰渣可燃物含量外，加装分层燃烧装置后还使炉排上煤的着火线前移，炉至炉排 2/3 长度时已不见红火，后部形成灰层，大量空气漏入炉内。

2.2.4 安装分层燃烧装置，不要将侧墙水冷壁下联箱的死水区暴露在炉膛内

链条锅炉两侧水冷壁的下联箱为了便于冲洗，将其前端与后端都通至炉墙外。从侧水冷壁炉前第一根水冷壁管起，直至前墙外沿这一段的下联箱管就形成"死水区"。这段死水区是封闭在炉子的前墙以外不让受热的。

【例 22】某锅炉房的 10t/h 链条锅炉，为了加装分层燃烧装置，将前墙前移，使侧墙水冷壁下联箱部分死水区暴露在炉膛中。改成分层燃烧后不久，有一侧水冷壁下联箱的死水区因受热而发现裂纹。

2.3 高原地区送、引风机风量、风压及功率的修正

兰州某设计院为天水、兰州、西宁及青海的一些地区设计过很多锅炉房，投运后毫无例外的，锅炉出力都达不到额定负

荷。分析其原因,是这些地区都属于海拔很高的高原地区,当地大气压力都很低。一般常规进行燃烧及锅炉空气动力计算,计算风机所需风量、风压选择风机时,和样本提供的数据,都按当地大气压力为标准大气压(760mm 汞柱)计算。在海拔低于500m 的地区,虽然当地大气压低于标准大气压,但由于计算时都采用了风压储备系数(常用 1.2)和风量储备系数(常用 1.1),对实际需要的风量、风压及功率仍很相近,影响不大。但是在海拔很高的高原地区则由于风机供给的风量和风压不够,而形成锅炉出力达不到额定出力。因此,对按标准大气压计算的所需风量、风压及功率值都要乘一个修正系数加以修正。

该设计院对此四个地区锅炉房实际工程的大量设计计算资料及运行实际情况和数据,进行统计、分析和反复试算。考虑了气体密度、流速变化对送风机和引风机的风量、风压和所需功率修正的关系,并在确定修正系数时作了一些简化。如总烟道的阻力和烟囱抽力数值均很小,认为互相抵消,计算中不予考虑;输送介质的密度和温度修正值很小,不予考虑。在上述的基础上,进行修正系数的确定。

首先按海拔不同,提出锅炉出力降低系数 K 值和气压修正系数 $\frac{760}{b}$ 如表 2-9 所示。

锅炉出力降低系数及气压修正系数　　　表 2-9

地　名	海拔(m)	大气压力 b (mm 汞柱)	锅炉出力降低系数 K	气压修正系数 $\frac{760}{b}$
—	≤500	720~760	1.0	~1.0
天水	1160	660	1.0	1.15
兰州	1520	630	0.95	1.21
西宁	2260	580	0.90	1.31
青海某地	3100	520	0.80	1.46

需经修正后得到的数值有：
(1) 额定工况送风机风量（L_g），m^3/h；
(2) 额定工况引风机风量（L_y），m^3/h；
(3) 额定工况送风机风压（H_g），mm 水柱；
(4) 额定工况引风机风压（H_y），mm 水柱；
(5) 额定工况送风机功率（N_g），kW；
(6) 额定工况引风机功率（N_y），kW。

应按修正后的数值重新选用送、引风机，才能保证锅炉在额定工况下运行。但重新选风机后，烟、风量及烟气与空气压力都增加很多，烟速、风速必然也增高很多，会造成磨损增加，电力消耗也增加。因此，有人主张不换风机，而按表 2-9 所示的出力系数 K 降低出力运行。按降低出力运行，也要进行送、引风机；风量；风压和功率的校核修正。

修正风量、风压及功率重选风机，或降低出力运行，校核修正风量、风压及功率都是以标准大气压力的计算值为依据乘以"修正系数"。若按标准大气压计算值的上标注以"0"表示；按 K 值降压运行的计算值上标注以"K"表示。无上标注的符号表示重选风机的计算值，而送风机（鼓风机）以下标注 g 表示，则：

$$L_g = AL_g^o; \quad H_g = BH_g^o, \quad N_g = BN_g^o$$

$$L_g^K = A^K L_g^o; \quad H_g^K = B^K H_g^o, \quad N_g = B^K N_y^o$$

同样引风机以下标注 Y 表示，则：

$$L_y = AL_y^o; \quad H_y = BH_y^o, \quad N_y = BN_y^o$$

$$L_y^K = A^K L_y^o; \quad H_y^K = B^K H_y^o, \quad N_y^K = B^K N_y^o$$

其中的四个系数分别为：

$$A = \frac{760}{b}; \quad A^K = K\frac{760}{b}; \quad B = \left(\frac{760}{b}\right)^2; \quad B^K = \left(K\frac{760}{b}\right)^2$$

只要按表 2-9 查得 b 及 K 值，就可以得出天水、兰州、西宁及青海某地四个地区的修正系数,如表2-10所示。则风量、风压及功率修正后的数值都可求得。

四个高原地区的修正系数　　　　　表2-10

地区＼系数	A	A^K	B	B^K
天　水	1.15	1.15	1.32	1.32
兰　州	1.12	1.14	1.48	1.30
西　宁	1.31	1.18	1.72	1.39
甘肃某地	1.46	1.17	2.13	1.37

【例23】西宁地区采用SHL600-10/115锅炉(带空气预热器),原燃烧计算及空气动力计算(按标准大气压)得到的数据为:

$L_g^o = 16000 m^3/h$；$H_g^o = 240 mm$ 水柱，$N_g^o = 16.8 kW$

$L_y^o = 30000 m^3/h$；$H_y^o = 204 mm$ 水柱，$N_y^o = 28.5 kW$

则:

$L_g = AL_g^o = 1.31 \times 16000 = 20960 m^3/h$

$H_g = BH_g^o = 1.72 \times 240 = 413 mm$ 水柱

$N_g = BN_g^o = 1.72 \times 16.8 = 28.9 kW$

$L_g^K = A^K L_g^o = 1.18 \times 16000 = 18880 m^3/h$

$H_g^K = B^K H_g^o = 1.39 \times 240 = 334 mm$ 水柱

$N_g^K = B^K N_g^o = 1.39 \times 16.8 = 23.4 kW$

$L_y = AL_y^o = 1.31 \times 30000 = 39300 m^3/h$

$H_y = BH_y^o = 1.72 \times 204 = 351 mm$ 水柱

$N_y = BN_y^o = 1.72 \times 28.5 = 49 kW$

$L_y^K = A^K L_y^o = 1.18 \times 30000 = 35400 m^3/h$

$H_y^K = B^K H_y^o = 1.39 \times 204 = 284 mm$ 水柱

$N_y^K = B^K N_y^o = 1.39 \times 28.5 = 39.6 \mathrm{kW}$

虽然该设计院仅对四个高海拔地区的实际数据进行分析研究而提出的方法，但这个方法对其他高海拔地区，只要知道当地大气压（b）及锅炉出力降低系数（K）都可使用。一般按当地海拔高度就可以取得 b 值。而 K 值按理应进行调查分析来确定。但根据该设计院确定的四个 K 值，在 b 与 K 的坐标图上近似是条直线，如图 2-5 所示。因此，只要知道 b 值，K 值就可以近似地按此线性关系求得。

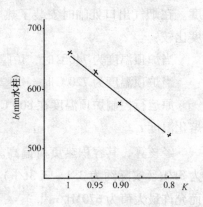

图 2-5　b 与 K 的关系

2.4　煤粉炉严重结焦

【例24】某厂新建 SHF-20-13 型煤粉炉一台，投产以来一直只能运行七天左右，就因为水冷壁结焦十分严重而被迫停炉。严重时防渣排管（即所谓"弗斯屯管"）全部被焦渣堵死，水冷壁多处表面结焦呈黑色板状，炉墙也有多处被烧坏。原设计锅炉房用煤为开滦矿的二号煤，其低位发热量为 17.69MJ/kg，实际用煤的低位发热量为 23.45MJ/kg；灰的变形温度 t_1 = 1270℃，软化温度 t_2 = 1300℃，熔化温度 t_3 = 1360℃，属于中等熔点的灰。燃烧方式采用四角切圆。设有烟气出口温度表，其温度为 800℃ 左右，低于灰的熔点。按此温度不应出现严重结焦现象。

首先对炉膛出口温度表进行检查和检验。校验结果，温度表刻度正常，但在锅炉内装置的位置不是在烟气出口处，而是装于炉顶。其测得的温度值是炉顶温度，远低于炉膛出口温度。在烟气出口处临时安装了热电耦，测量其温度并与炉顶温度比较：

当炉顶温度为740℃时，炉膛出口温度为1300℃；

当炉顶温度为720℃时，炉膛出口温度为1200℃。

原运行控制炉顶温度在800℃左右，肯定炉膛出口温度超过熔化温度 t_3。

经核算，其容积热负荷偏高。炉膛容积为90m^3，若给煤量为3t/h（实际约为3.1~3.3t/h），容积热强度就达783MJ/m^3，而允许最大值为670MJ/m^3。

水冷壁管的间距 $S/d = 160/57 = 2.8$，此比值过大，对炉墙的保护作用太差，是造成炉墙烧坏的原因。火焰中心偏高，并有偏斜，结焦部位在喷燃器上部。火焰中心偏斜方向的侧墙结焦更为严重。

结焦原因很清楚，是煤的发热量比设计值高32.5%，按原设计的加煤量运行，造成炉子的容积负荷过高，炉温过高，炉膛出口温度超过灰的熔点，因而水冷壁严重结焦。水冷壁管 S/d 值过大，以致炉墙也结焦，从而出现烟气出口温度过高的现象，又由于温度表位置装错，烟气温度过高的现象不能被反映。

解决的方法是减少加煤量，使炉子的容积热负荷和炉温降低，以避免结焦。水冷壁不结焦，传热情况加强，可能适当减少加煤量后出力和热效率仍能达设计值。减少加煤量可用减小排粉机叶轮直径或减小给煤机转速来实现。

将炉膛出口烟气温度表改装在正确部位，以监控炉温。若温度表暂时难以更换位置，也可暂时仍以"炉顶温度"不高于700℃来控制。

调整喷燃器的角度，使之与假想切圆的角度一致，并将假想切圆的直径由500mm改为320mm，以防止火焰偏斜和降低炉墙温度，喷燃器出口向下倾10°，以防火焰中心偏高。

2.5 循环流化床锅炉的严重磨损

【例25】 某供热站装有某锅炉厂早期生产的35t/h循环流化床锅炉两台，采用重型炉墙，炉内设有埋管，高温旋风分离器的内衬用一般耐火砖。运行第一个采暖期中就发现由于磨损，致使炉子的密封性很差，炉墙产生裂纹、漏灰、漏风严重，锅炉房内烟尘飞扬，生产条件十分恶劣。旋风分离器局部衬砖脱落或磨损，导致分离器烧损和严重磨损。锅炉出力仅达27~30t/h，运行稳定性差，连续运行最长为32天，平均仅为17天，就被迫停炉。由于该炉存在隐患较多，频繁开、停炉，汽压波动，严重影响与用热单位签定供汽质量协议的要求，而导致赔偿。

该供热站要扩大供热容量，准备安装容量大的新循环流化床锅炉，原有两台锅炉再维持供2个采暖期就拆除。在专家组、供热站和锅炉制造厂"三结合"对此两台锅炉提出以下的技术改造方案：

（1）将光管水冷壁重型炉墙改造为膜式水冷壁轻型悬吊炉墙以提高炉墙的承压能力和严密性；

（2）增高炉膛高度，提高锅炉出力和改善炉内灰粒的沉降，减轻尾部受热面的磨损；

（3）更换分离器内衬材料，特别是入口段的内衬，选用高耐磨、高耐温和抗冲刷的刚玉，并提高内衬的牢度；

（4）送风机改型，增大风压和功率，以保证流化速度和稳定燃烧。

经改造后，出力明显提高，锅炉房内生产条件大为改善，并保证两个采暖期能连续运行。但是对埋管及过热器的防磨损虽也采取了一些措施，但不彻底，仍有一定的磨损，石灰石粉的粒度级配和添入方式未做改进，其效率及脱硫效果仍不高。

循环流化床锅炉防止磨损问题，是运行中要特别重视的问题。这两台锅炉是早期产品，近年来已有很大改进，如：都采用膜式水冷壁，不设埋管，改善了分离器的构造及材料等。除此而外，受热面等磨损问题也应重视，近年来锅炉制造厂和使用单位，也提出很多措施。本实例，由于是过渡性质，仅保证连续运行两个采暖期，没有全面的改进。

2.6 锅炉汽水共腾事故

2.6.1 炉水发沫及汽水共腾的危害及处理

蒸汽锅炉炉水不断浓缩，含盐量及碱度都不断增高，达到一定值后，就容易在上锅筒上部蒸发面产生泡沫称为发沫，尤以水中有悬浮物微粒、油及有机物时发沫现象的发生更易剧烈。发沫严重时，可以使锅筒里汽水不分，成为蒸汽和水泡沫的混合体，这种现象称为"汽水共腾"。发沫或汽水共腾是一种事故，其主要危害是：

（1）蒸汽把泡沫带走，引起蒸汽大量带水。这些水是含杂质浓度较大的炉水，因而使蒸汽污染，造成过热器管积盐，甚至堵塞。或使汽轮机叶片，或热交换器内积盐。

（2）锅炉水位计水位不清，甚至看不出水位，而影响锅炉安全运行。

（3）使过热蒸汽的过热温度下降。

(4)产生水锤或水击现象,易造成蒸汽系统管道和设备的损坏。

发生汽水共腾后,应减弱燃烧,降低负荷,关小主汽阀;加强排污,把连接排污阀门大开或全开,同时加强给水,保持正常水位。并开启过热器、蒸汽管道及分汽缸的疏水阀门。

要分析炉水的水质是否超标。还应检查是进水水质不合格,还是排污不充分,针对原因加以处理。查看产生汽水共腾时的锅炉出力,若严重超负荷,则应纠正。在处理事故的过程中要增加炉水分析次数。当炉水水质符合标准后,再逐渐增加负荷,恢复正常运行。

2.6.2 热电厂锅炉的发沫和汽水共腾事故

【例26】某市的一个热电厂有8台75t/h煤粉锅炉,分段蒸发,蒸汽压力3.826MPa,蒸汽温度450℃。由于生水碱度较高,水处理原采用石灰软化除碱预处理,出水经过离子交换软化。某年11月重新将其软化设备改为浮床离子交换除盐,11月6日开始试运行。

12月3日早晨,4号至8号共5台锅炉运行,约6:00时左右5台锅炉都有发沫现象,其中5号及6号锅炉发生汽水共腾。当时5号炉及6号炉的情况如下:

约5:00时许,仪表盘上炉水电导及碱度都有上升趋势,电导约增加10Ω,碱度为6mmol/L左右(规定为4~6mmol/L,达到上限附近)。司炉认为尚属正常情况,因为新投入石灰水处理时,负荷变动情况下也有过此种现象。故仅将连续排污阀门开大;5号炉将阀门开度由1/16开至1/8;6号炉开度由1/32也开至1/8。

到约6:00时以后,首先发现水位波动显著并水位下降,过热器蒸汽温度也急剧下降，如图 2-6 及图 2-7 所示。汽温已降到 380℃ 以下，6 号炉还在急剧下降，到 7:00 时以后最低降至 300℃ 以下。7:00 许 5 号炉连续排污阀已全开；6 号炉连续排污阀开至 1/3 开度，7:00 时以后又全开。7:00 时左右水位又急剧上升。

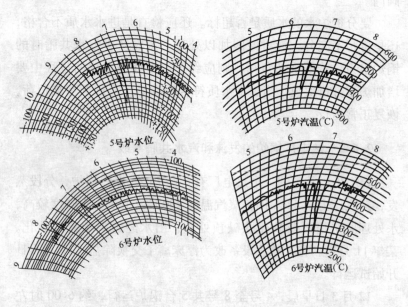

图 2-6　水位波动情况　　　　图 2-7　汽温波动情况

当时分析，认为给水已除碱、除盐，试运情况良好，估计问题不是发生在给水。又发现疏水箱中疏水碱度高达 2mmol/L，故估计发生在回水的可能性较大。6:45 时同时对回水及除氧器出口水都取样分析，并对循环水的 Cl^-、碱度、磷酸根也都取样分析。

回水分析结果列于表 2-11。从表看出，回水无大变化。循环水三个项目的分析结果也基本稳定无异常。

回水分析（单位：mmol/L） 表2-11

取样时间	一号回水		二号回水	
	碱 度	硬 度	碱 度	硬 度
1:00	50	3.5	80	6.0
5:00	60	2.4	88	4.4
6:45	60	3.4	90	4.0

从运行中的3号、4号、5号及6号四台除氧器出水水质的分析（数据列于表2-12）看出除盐水的碱度、硬度增高。

除氧器出口水质 表2-12

取样时间	3号除氧器			4号除氧器		
	碱度	硬度	氧	碱度	硬度	氧
3:00	0.10	0.8	0.001	0.114	0.8	0.001
6:45	1.84	3.6	0.01	1.88	3.2	0.001
取样时间	5号除氧器			6号除氧器		
	碱度	硬度	氧	碱度	硬度	氧
3:00	0.17	0.8	0.001	0.14	0.8	0.001
6:45	2.04	3.8	0.001	2.23	3.8	0.001

沿管线仔细检查，才发现原因是12月3日晨4:05开始，3号阴浮床再生（用NaOH溶液）过程中，碱液阀门未关严，碱液漏入除盐水。至于疏水箱中的碱度增高，是由于除氧水箱的水溢流至疏水箱所致。

图2-8所示为5号炉及6号炉的负荷，炉水碱度和电导当日变化情况。图中未给出南盐段及北盐段的碱度变化曲线，其形状与净段曲线相仿，但数值很高（峰值约高一倍）。

2.6.3 供热锅炉的发沫及汽水共腾事故

供热锅炉发生汽水共腾事故的现象比热电厂要多得多，特

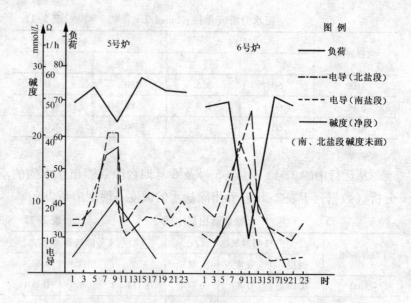

图 2-8 5号炉及6号炉负荷、碱度、电导变化曲线

别是水源水质差、碱度和含盐量（或溶解固形物）高的地区。这是由于：

（1）热电厂锅炉水处理一般采用脱盐，而供热锅炉一般仅进行软化，即使有些锅炉房采用了除碱，也往往运行水平低而运行不正常；

（2）小型供热锅炉无连续排污，较大容量的供热锅炉虽有连续排污也不能过于频繁地分析炉水水质，阀门很少控制或控制效果不明显；

（3）供热锅炉负荷的波动幅度较大。很多供热锅炉发生汽水共腾常在高负荷或负荷波动较大而连续排污阀门较小时；

（4）锅炉房一般都不装水质在线分析或自动记录仪表，难以预测汽水共腾事故将要发生。

供热锅炉发生汽水共腾事故时，忙于处理事故，很少取炉水水样分析,因而发生事故时水质情况的数据很少。以下仅取一例加以介绍。

【例27】 某橡胶厂,有3台Д-20型蒸汽锅炉,产生额定蒸汽压力为1.3MPa的饱和蒸汽。其生水为中硬度,高碱度有负硬的地下水,其水质如表2-13所示。补给水处理原用钠离子交换,软化不除碱,曾发生过2~3次汽水共腾事故。后来增加了氢离子交换除碱,水处理为氢钠离子交换。但氢床运行不太正常,有时由于还原氢床的酸液供应不及时,有时氢床停运2~3天。改用氢-钠离子交换后某日上午8:30时左右,锅炉发生汽水共腾事故,当即取炉水样分析:炉水碱度为11.8mmol/L;溶解固形物为4500mg/L。

生水水质主要指标　　　　　　表2-13

项目	总硬度 (mmol/L)	总碱度 (mmol/L)	负硬度 (mmol/L)	溶解固形物 (mg/L)	pH值
数值	4.99	10	5.01	501.75	8

2.6.4 炉水碱度和含盐量与炉水发沫关系的探讨

一般而言,炉水水质影响锅炉发沫产生汽水共腾的指标主要是炉水碱度和炉水溶解固形物(或含盐量)两项。这两项水质指标是哪一个影响更大呢?曾有人就此问题进行了试验研究。

【例28】 按2.6.3节【例27】的数据:发生汽水共腾时炉水碱度为11.8mmol/L;溶解固形物为4500mg/L。而这种锅炉按水质标准(GB 1576—2001)规定,额定蒸汽压力为1.0~1.6MPa,无过热器的情况下,炉水总碱度为6~24mmol/L;溶解固形物<3500mg/L。也就是说发生汽水共腾时炉水碱度尚未超标,而炉水的溶解固形物已超标。这就是说,对汽水共腾而言炉水的溶解固形物比炉水碱度更为重要。但这是不是普遍规

律呢？尚难确定。

就此问题进行台架试验。锅炉试验的台架是模拟实际的水管锅炉而设计的，锅炉本体由上、下锅筒和一根下降管与一排上升管组成，如图2-9所示。

(a) 台架总图(未砌炉膛)　　(b) 上、下锅筒与管束　　(c) 台架顶部

图2-9　实验模拟台架

锅炉本体四周用砖砌密封模拟炉膛，炉膛内置有数根电加热硅碳棒，模拟炉膛内火焰加热。在上、下锅筒的两端都装有

硼硅玻璃，可供对锅筒内炉水发沫情况进行观察和摄影记录。锅炉设计的参数如表2-14所示。

台架设计参数　　　　　　　　表2-14

工作压力	MPa	0.6
蒸汽量	kg/h	12
容积空间负荷	kg/m³h	2024
受热面蒸发率	kg/m²h	100
循环倍率		12

由于锅炉的水容积较小，汽水混合物的引入速度又较大，致使锅内炉水表面波动较大，影响了对锅内炉水发沫情况的观察，故在上锅筒内又装设了水下孔板，用以减少汽水混合物对炉水的冲击。水下孔板的装设使给水的阻力增大，故台架的实际工作压力达不到设计值0.6MPa，试验时只能使工作压力稳定在0.2~0.3MPa，而锅炉的蒸发量却由设计的12kg/h提高到15~17kg/h。

测试仪表型号及规格、精度　　　　　　　表2-15

仪表名称	型号	规格、精度
电导仪	DDS-11	<5%
盐量计	DDG-55	0~0.6MPa
霍尔压力变送器	HYD-2	
函数记录仪	LZ3	

试验台架的系统如图2-10所示。水质分析采用化学分析和仪器测量合用。溶解固形物、总碱度、总硬度及氯离子（Cl^-）含量均取样进行化学分析。用盐量计及电导仪进行连续测定含

盐量,并列出含盐量及溶解固形物(均以 mg/L 计)测定数值的对照表。所用电测仪表的型号及规格与精度列于表2-15。

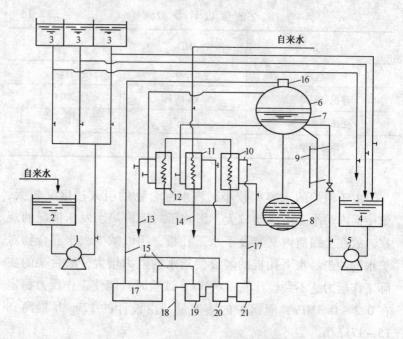

图2-10 试验台架系统图

1—水泵;2—配水箱;3—储水箱;4—给水箱;5—给水泵;
6—上锅筒;7—水下孔板;8—下锅筒;9—硅碳棒;10—下排污冷却器;
11—上排污冷却器;12—蒸发冷却器;13—蒸汽凝结水管;
14—冷却水排出管;15—电信号输入线;16—霍尔压力变送器;
17—x-y函数记录仪;18—炉水取样管;19—盐量计;
20—电导仪;21—稳流器

由于此试验除探讨低压锅炉炉水、碱度和含盐量与炉水发沫的关系外,还要研究炉水含盐量与溶解固形物的关系,以及炉水临界含盐量和碱度的关系等问题,因而在炉水含盐量与溶解固形物数值(都以 mg/L 计)对比,曾进行18组97个试验的测试并制出对照表。从对照表得出含盐量与溶解固形物的数值相差不大,最大误差为9.1%,相对误差的绝对值平均为2.1%。因此,在研究炉水发沫问题的33次试验中,就只对炉水的含盐量进行测试。

试验台架用硅碳棒电加热,加热量易于调节。试验期间都是保持蒸发量在15~17kg/h,饱和蒸汽压力平均值在0.2~0.23MPa。所用给水为无油,有机物质、胶体物质和悬浮物含量都很少的地下水。再向水中添加药剂,配制成不同成分的给水。并规定水标准为:碱度不超过20mmol/L;含盐量不超过4000mg/L。

通过上锅筒两端的硼硅玻璃可以窥视水位表面发泡沫情况。未发泡沫时可见液位表面有较薄的泡沫层(如图2-11(a)所示)。当液位表面泡沫层骤然增厚,泡沫层高度δ达到1.5cm时定为发泡沫的标志,如图2-11(b)所示。

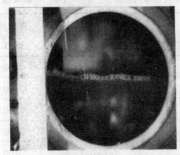 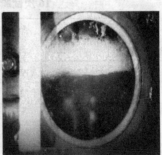

(a)正常情况　　　　　　　　(b)发沫情况
　　　　　　　　　　　　　　(泡沫层高度δ达到1.5cm)

图2-11　液面泡沫情况

33次试验中除8次(试验序号第6、8、9、10、23、24、25、26),炉水碱度始终未超过20mmol/L;含盐量始终未超过4000mg/L,未发沫外,其中9次试验都是碱度还未超过20mmol/L,而含盐量超过4000mg/L,炉水都发泡沫(如表2-16所示)。

有16次试验碱度都超过20mmol/L，甚至达到56mmol/L，但含盐量都低于4000mg/L，都没有发泡沫（如表2-17所示）。试验说明炉水是否发泡沫，含盐量（或溶解固形物）含量比碱度更为重要，与【例27】结论相符。

9次试验发沫时数据　　　　　　　　　表2-16

项目 试验序号	碱度（mmol/L）	含盐量（mg/L）	项目 试验序号	碱度（mmol/L）	含盐量（mg/L）
19	6.0	9200	3	8.2	9100
1	7.4	9500	22	10.0	9050
2	7.4	9000	4	11.8	9200
20	8.0	9000	5	17.8	8750
21	8.0	9000			

16次试验未发沫时数据　　　　　　　　表2-17

项目 试验序号	碱度（mmol/L）	含盐量（mg/L）	项目 试验序号	碱度（mmol/L）	含盐量（mg/L）
7	22.0	3800	14	35.6	3800
11	22.4	3600	31	38.4	3700
12	24.0	3700	16	40.2	3700
13	26.8	3500	32	42.4	3400
27	27.0	3700	17	45.8	3700
30	27.0	3500	15	47.4	3600
28	29.8	3850	18	48.2	3800
29	32.0	3500	33	56.0	3600

2.6.5 并炉时发生的汽水共腾

【例29】某工厂有3台20t/h蒸汽锅炉供生产用汽，该厂实行三班工作制，早班及午班蒸汽需要量较大，需两台锅炉运行，夜班需蒸汽量较少，仅运行一台锅炉，另一台封火热备用。早班上班后锅炉房将热备用的锅炉启动并炉。每天并炉时经常发生汽水共腾现象，此时炉水碱度和溶解固形物都不超标。并炉正常运行后汽水共腾现象消失。

虽然汽水共腾现象是短暂的，但经常发生总是事故，必须消除。经调查研究，发现产生汽水共腾的原因是司炉并炉时操作错误所致。司炉认为向总蒸汽母管中并汽，并入的蒸汽压力必须要比蒸汽母管的压力高，汽才能很通畅地进入母管，所以并炉时使锅炉蒸汽压力比母管汽压略高，由于蒸汽突然大量流入母管，而造成汽水共腾。

在锅炉的运行规程中明确规定，锅炉向蒸汽母管中并汽时，锅炉汽压应较蒸汽母管内的汽压略低。一般压力在 6MPa 以下的锅炉，应较母管汽压低 $0.05 \sim 0.1$ MPa；压力大于 6MPa 以上的锅炉，应较母管低 $0.2 \sim 0.3$ MPa。并且应逐渐缓慢开启锅炉主汽门的旁路门。当锅炉汽压与母管内汽压趋于平衡时，缓慢开启主汽门，而后关闭其旁路门。

并炉操作是学习操作规程时必须掌握的"应会"，此锅炉房多为新上岗的工人，对升火、压火、停炉和紧急停炉如何操作十分重视，而对如何并炉却被疏忽。而且认为汽水共腾是由于炉水水质不良而致，不知道由于并炉操作不当锅炉负荷突增或超负荷运行，有时也会产生汽水共腾。

2.7　AZD20-13-A 型锅炉烟尘超标

【例 30】某军工厂供生产用蒸汽的锅炉房设置了两台 AZD20-13-A 型锅炉。它的蒸发量为 20t/h，蒸汽压力为 1.275MPa，设计为燃用烟煤的抛煤机倒转链条炉排。

其构造如图2-12所示,无前后拱,炉内空间:长4.5m,宽2.5m,高4.4m。在前墙距炉排2.3m高处,设有7个下倾20°的二次风喷嘴(ϕ40mm)。单锅筒,对流受热面布置在炉膛两侧,炉内高温烟气经靠近前墙的左右两侧上部,宽为1m的狭长烟道口进入对流受热面。烟气由前向后流动,横向冲刷对流管束。在炉后顶部,左右两侧的烟气相汇合,折转90°向下,依次流过铸铁省煤器和空气预热器,最后排入烟囱。在对流烟道下部设有飞灰回收装置,将沉积于烟道内含碳量较高的飞灰重新吹入炉内燃烧。在抛煤机下有600mm×8mm的播煤风口将煤屑播散。

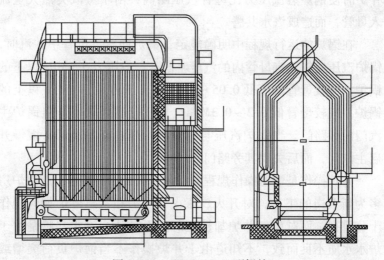

图2-12 AZD20-13-A型锅炉

锅炉运行时,烟尘浓度严重超标,黑烟滚滚,含尘量很高。随着负荷的增高,烟尘浓度也随之上升。因此,锅炉只能低负荷运行,并且热效率很低。

分析其原因是二次风没有起到加强混合改善燃烧的作用。而含较多可燃气体的烟气携带未燃烬的固体煤粒,从炉前两侧的烟道口流出形成"烟尘短路"所致。这从以下的冷态飘带试验和炉内气流风压、风速的测试得到验证。

图 2-13 为在原有二次风情况下（风压 400mm 水柱；风嘴出口风速 41m/s；风嘴下倾 20°），5 号喷嘴的二次风冷态射流流线图。图 2-14 为 5 号喷嘴稍下区域飘带试验的照片；图 2-15 为炉排中段上方飘带试验的照片。

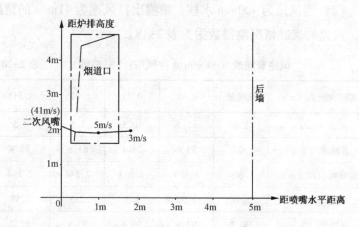

图 2-13　5 号喷嘴的二次风冷态射流流线图

图 2-14　二次风压 400mm 水柱时　　图 2-15　二次风压 400mm 水柱时
　　　（风速 41m/s）飘带试验　　　　　　　（风速 41m/s）飘带试验
　　　（喷嘴稍下区域）　　　　　　　　　　（炉排中段上方）

从以上试验和测定可以看出：

（1）由于受送、引风及播煤风口气流的影响，二次风的气流线并不是按喷嘴下倾角度直线向下，而是逐渐向上弯曲。二次风喷入炉内后，风速很快衰减。流线长短与炉内风速有关。

（2）当风压为400mm水柱、喷嘴出口风速为41m/s的情况下，风速的衰减情况测得数据为表2-18。

风速衰减表（400mm水柱风压；5号喷嘴） 表2-18

离喷嘴距离（m）	喷嘴处	0.43	0.73	1.026	1.311
风速（m/s）	41.06	17.5	10.5	7.5	4.5
衰减率（%）	0	57.4	74.4	81.6	89.4
离喷嘴距离（m）	1.606	1.889	2.205	2.544	2.894
风速（m/s）	3.98	2.93	2.7	2.5	1.98
衰减率（%）	90.3	92.9	93.4	93.9	95.2

风速为5m/s时，风速已衰减近90%，风力很弱。认为风速为3m/s时（风速衰减近93%）风流已不能形成风幕，不起屏蔽作用，如图2-13所示。此时能起屏蔽作用的流线长度距前墙仅约1.8m，为炉排长度的1/3左右。因此，必然有大量烟气短路，直接从炉侧烟道口逸出。

（3）从图2-14及图2-15两幅飘带试验的照片可以看出：在前墙喷嘴稍下区域，仅有极少数飘带向斜上方无规律地飘动，而大部分飘带都近于静止（见图2-14）。炉排中段上方的飘带几乎都静止不动（见图2-15）。这就说明短路从侧烟道口逸出的烟气，在炉内得不到二次风的良好混合，其未燃烬的气体及煤粒与灰，都随烟气逸出而形成"烟尘短路"。

试验及测定的结果证实了分析的正确,找到了问题所在。在此基础上提出两个改善方案:

第一方案:在后墙增加二次风,在从侧烟道口逸出前使烟气内可燃物的燃烧情况得到改善,使排烟净化。

第二方案:增加二次风压和喷嘴出口流速,或同时稍加调整二次风喷嘴下倾的角度,使炉膛高度的中部由炉前至炉后形成一个"气幕"加以屏蔽。由炉后向炉前进行的烟气燃烧,在气幕下顺气幕由炉前向炉后流动。再从炉后气幕的尾部向上,在气幕上由后向前折流,最后从炉前的两侧烟道口流出。这样既增加了在炉内、特别是热煤层停留的时间,又加强了混合。

第一方案,要增加一台二次风机,后墙要增设二次风喷嘴及其管道系统,不仅投资大、工程量大,而且很多技术数据,如风压、风速、喷嘴位置及角度等,都难以确定。而第二方案主要是改换一台二次风机,原有喷嘴及其管道系统都不动。即使略为调整喷嘴角度,其工作量也不大。至于技术数据,可通过冷态射流流线测定和飘带试验取得。因此,确定从第二方案入手。

第二方案可按以下两种工况进行对比试验:

(1) 风压为 600mm 水柱,出口风速为 52.4m/s,喷嘴下倾角改为 30°;

(2) 风压为 900mm 水柱,出口风速为 65.7m/s,喷嘴下倾角不变仍为 20°。

随着风压和出口风速的提高,气流的扰动情况也随之改善,这从图 2-16、图 2-17 和图 2-14 对比可以看出。炉排中段上方的混合情况也得到改善,这从图 2-18 和图 2-15 的对比可以看出。

但从第(1)及第(2)工况气流流线的测试结果对比,显然第（2）工况优于第（1）工况。从图2-19可看出，第（1）工况其屏蔽的气幕长度略大炉排长度的50%，其效果仍不理想。而第（2）工况（见图2-20）气幕长度较为合适，并且原来喷嘴倾角可以完全不变动。第（2）工况的风速衰减测试数据如表2-19所示。

图2-16 风压600mm水柱，风速52.4m/s喷嘴下倾30°飘带试验（喷嘴稍下区域）

图2-17 风压900mm水柱，风速65.7m/s，喷嘴仍下倾20°飘带试验（喷嘴稍下区域）

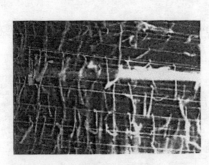

图2-18 二次风压900mm水柱，风速65.7m/s喷嘴仍下倾20°飘带试验（炉排中段上方）

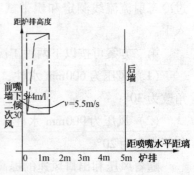

图2-19 风压600mm水柱，风速52.4m/s，喷嘴下倾30°射流流线图

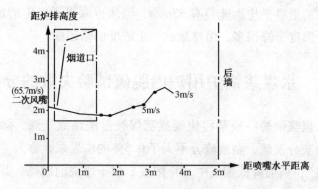

图 2-20 风压 900mm 水柱,风速 65.7m/s,
喷嘴下倾 20°射流流线图

风速衰减表（900mm 水柱风压；5 号喷嘴） 表 2-19

离喷嘴距离（m）	喷嘴处	0.20	0.43	0.73	1.026	1.311	1.606
风速（m/s）	65.77	60.12	33.00	22.00	15.00	10.98	8.90
衰减率（%）	0	5.47	49.83	65.41	77.2	82.74	86.50
离喷嘴距离（m）	1.889	2.215	2.544	2.894	3.239	3.541	3.791
风速（m/s）	6.86	6.86	6.35	4.80	3.20	3.20	2.35
衰减率（%）	89.21	89.21	90.02	92.45	94.97	94.97	96.31

采用仅更换二次风机,提高二次风压为 900mm 水柱和喷嘴出口风速大约 65.7m/s 后,不仅烟气黑度及含尘量都可以达标,而且锅炉的出力和热效率都可达到设计要求。

风压和出口风速,后者更为重要。当然风压不提高,出口风速也难以提高。但是风压提高而风量过小时,出口风速仍可能达不到要求。某纺织厂同样的锅炉,采用同样的方法使二次风风压和喷嘴出口风速都基本上与此军工厂采用的相近,也取得了相同的效果。但某毛纺厂也是同样的锅炉,采用了风压为 915mm 水柱,风量为 5500m³/s 的二次风机,由于流量不够,7

个喷嘴的出口平均流速只有53m/s，虽然也取得了一定的成效，林格曼黑度下降很多，但排烟的烟尘浓度仍略超标。

2.8 水煤浆锅炉用炉内脱硫试验失败的分析

水煤浆锅炉一般是将焦煤或肥煤经过洗煤或选煤，除去煤中大量灰分及硫，制成硫分不大于0.5%的水煤浆，称为"精煤水煤浆"，从而降低烟气中SO_2浓度，属于燃烧前脱硫。其烟气中SO_2的初始排放浓度，有的资料提出约为800~1300mg/m^3。根据收集到的6台水煤浆锅炉的测试数据，分别为627.4，829.93，958，1070，1018.2及1228.76mg/m^3。也就是说，有的水煤浆锅炉单纯用燃烧前脱硫，其SO_2初始排放浓度达不到《锅炉大气污染物排放标准》（GB 13271—2001）规定的900mg/Nm^3的标准，因此提出水煤浆锅炉是否可以再采用燃烧中脱硫（炉内脱硫）进一步降低烟气中SO_2的排放浓度。所谓"炉内脱硫"就是在制造水煤浆过程中，再向水煤浆中加入碱性有机废液（如造纸废液等）或石灰石粉等固硫剂。这种加入固硫剂后的水煤浆，称为"环保型水煤浆"。

采用环保型水煤浆的方法在国外已有人采用，并取得较好的效果。如美国Carboge公司试验结果，可将SO_2的排放浓度再降低近50%。日本日挥公司在220t/h水煤浆锅炉上试验，在Ca/S比为2~3时，水煤浆中加入石灰，其脱硫率可达55%~75%。但炉温应控制在1200℃左右，浙江大学试验也得到类似的结果，在水煤浆中加入Ca(OH)$_2$后，脱硫率可达50%。

我国曾在某石化公司热电站的220t/h水煤浆锅炉上进行过试验，但未成功。

【例31】试验原设计在水煤浆中添加5%的石灰石粉（CaCO$_3$），预期脱硫率为50%。结果添加了6.2%石灰石粉和3.4%

的水，仅使烟气中 SO_2 含量从 230×10^{-6} 稳定到 200×10^{-6}，也就是说，脱硫率仅达到 13%。而且灰中 CaO 增加近 10 倍，灰的熔点降低 30℃，而造成在燃烧器的旋口、看火孔及水冷壁上严重结焦。

试验的失败，分析其原因是多方面的：

(1) 所用水煤浆为大同煤的"原煤水煤浆"，稳定性差，挥发分低，灰的熔点也低。在大同煤的原煤水煤浆中也属较差的。

原煤水煤浆就是采用灰分和含硫量较低的高热值原煤，不再洗煤或选煤直接制造的水煤浆。虽然原煤的灰分与洗精煤或选精煤的灰分含量相差不多，但洗、选精煤中的灰分是在煤中均匀分布的，而原煤的灰分很大的比例是集中在少量的矸石中。矸石的硬度和密度都远大于煤，难以磨碎。煤的粒度越大炉内脱硫效果越差。并且原煤水煤浆的稳定性较差，粒度越大，越容易沉淀分层而堵塞。

制造水煤浆的煤，挥发分越多，灰的熔点越高，越有利。大同煤矿用于制造原煤水煤浆的煤规定的标准为：挥发分为 28.02%~34.52%；灰分熔点 >1200℃（国标为 >1250℃），而试验所用大同水煤浆的煤挥发分为 29.95%，灰的熔点为 1230~1330℃，都在标准规定的下限附近。也就是说所用水煤浆在大同水煤浆中也是较次的产品。

(2) 固硫剂的种类很多，其脱硫效果也不同，常用的固硫剂按脱硫效果逐渐提高的顺序排列为：石灰石粉 [$CaCO_3$]、石灰 [CaO]、石灰乳 [$Ca(OH)_2$] 及醋酸钙 [$Ca(C_2H_3O_2)_2$] 等。当然，脱硫效果越好的固硫剂，其费用也越高。试验所用的固硫剂为脱硫效果相对最差的石灰石粉。

(3) 容量较大的水煤浆锅炉燃烧器的布置方式分为两种：

一种是"前墙布置"，即燃烧器都在前墙分层布置。试验的 220t/h 的水煤浆锅炉就是采用这种方式布置，有 10 只燃烧器，分为5层,每层两只布置在前墙。

另一种布置为"四角切圆布置"把燃烧器分层布置在炉膛四角,向炉膛中心喷燃。每层布置4只燃烧器,向炉中心喷射的方向,都与炉膛中心的一个假想圆相切,而使燃烧的火焰在炉膛中心旋流扰动。燃烧器的数目为4的倍数,常布置为2~4层(即有8只、12只或16只燃烧器)者较多。

布置方式不同,所用燃烧器的种类也不相同:前墙布置采用旋流式燃烧器,四角切圆布置则采用直流式配风器的燃烧器。

燃烧器的形式及布置方式对水煤浆的燃烧和脱硫效果影响十分显著。由于水煤浆是液体与固体混合的燃料,要求在炉内喷射的行程较长,根据我国实践表明,容量较大的水煤浆锅炉采用四角切圆布置优于前墙布置。而试验却是采用前墙布置,旋流式燃烧器。

从以上分析,炉内脱硫试验失败的原因,很可能是由于水煤浆的品质、固硫剂的种类及配制、燃烧方式都不利有关。采用挥发分含量较低,灰熔点较低的原煤水煤浆,要求炉温应略高,易于结焦;固硫剂脱硫效果较差,脱硫剂的利用率低,增加Ca/S比,则增加灰中CaO含量,使灰熔点下降;燃烧方式不利,对燃烧和脱硫也都不利。

在此经验的基础上,又在某发电厂的230t/h水煤浆锅炉中进行了炉内脱硫的试验。

【例32】燃用"八一"或"兖日"精煤水煤浆(稳定性好,灰分在6%左右,无灰干燥基挥发分为40%左右,含硫0.3%~0.8%,收到基低位发热值为18~20MJ/kg)仍以石灰石粉为固硫剂,但注意了其质量、粒度及配制。燃烧器布置采用四角切圆布置方式。采用炉内脱硫,使烟气中SO_2含量由627.4mg/m^3,降为255.34mg/m^3,脱硫率达59.3%。水煤浆锅炉再采用炉内脱硫,使用环保型精煤水煤浆,以降低排烟中SO_2浓度,前景广阔。

第三章 锅炉房辅助设备及系统故障

3.1 给水软化防垢设备

3.1.1 钠离子交换器的过滤速度

【例33】西安某企业的锅炉房,锅炉产生的蒸汽主要用于生产工艺中加热用,凝结水回收的比例很小。其生水为西安市自来水公司三厂(新厂)的自来水,水处理采用两台钠离子交换器,一台工作一台还原。多年来软化效果很好,出水硬度都可达标。

后来此厂在兰州建立了分厂。分厂的生产工艺/生产规格/生产设备的型号规格及操作方法都完全与西安原厂相同。在水处理方面同样也设置两台型号及直径都相同的离子交换器;树脂的种类也都与西安原厂完全相同。水处理操作人员系由西安原厂调去操作水平最好的水处理工,进行操作。生水为兰州三水厂的自来水。但是兰州分厂离子交换器出水硬度总是不能达标。

调查分析这两个厂所不同的仅为生水水质。因此,首先取得两个水厂的水质资料,如表3-1所示。

两厂水源水质比较　　　　　表3-1

分析指标数值 水源	总硬度 (mmol/L)	总碱度 (mmol/L)	Ca^{2+} (mmol/L)	Mg^{2+} (mmol/L)	Cl^- (mg/L)	含盐量 (mg/L)	pH
西安市三水厂(新厂)	2.35	2.90	2.20	0.15	6	184	7.6
兰州市三水厂	9.10	3.40	5.40	3.70	223.65	8025	—

从分析数据来看,两水源水质相差较大。离子交换器软化时,水通过树脂层的过滤速度与生水总硬度和含盐量有关。一般多按生水的总硬度推荐采用的流速,如表 3-2 所示。离子交换剂吸附 Ca^{2+} 的能力,比吸附 Mg^{2+} 的能力大,生水中镁盐硬度占总硬度的比值越大,其软化效果越差。

推荐过滤流速　　　　　　表 3-2

生水总硬度 (mmol/L)	推荐流速 (m/h)	生水总硬度 (mmol/L)	推荐流速 (m/h)
2.5	25	8.9	15
5.3	20	14.5	10

从表 3-1 对比的数值可以看出:西安原厂的生水总硬度为 2.35mmol/L;镁盐硬度占总硬度的 6.4%。而兰州分厂生水总硬度为 9.1mmol/L,并且镁盐硬度占总硬度的 41%。两厂虽然设置相同型号及直径的离子交换器,但水质不同不能采用相同的过滤速度。生水为西安市三水厂的水时,过滤速度可以采用 25m/h;生水为兰州市三水厂的水时,过滤速度应不宜高于 15m/h。两者相差约 1.7~1.8 倍。若兰州分厂仍采用 25m/h 的过滤速度,必然造成出水硬度不能达标。

兰州分厂采用降低过滤速度,使出水水质达标,但由于过滤速度的降低,出水量也随之降低。因而,该厂又增设了一台型号及直径相同的离子交换器。这三台交换器两台同时工作,一台轮流还原。

3.1.2 钠离子交换器的还原液浓度

【例 34】某小区供热的小型热水锅炉房,其生水硬度为 5~6mmol/L,采用钠离子交换器,人工操作。出水残余硬度都能达到水质标准的要求,树脂失效后,配制好约为 10% 浓度的食盐水进行还原。为了节省人工及提高装备水平,将离子交换器更换为某公司的小型全自动钠离子交换器。经验收按程序的设定,其动作完全合格。但装好使用后,出水水质始终达不到要求,还原后开始软化的出水硬度就为 3.3mmol/L 左右。

检查操作人员的操作及交换器动作程序,都未发现问题。最后发现是还原所用盐水浓度太低所致。

这种小型全自动钠离子交换器的进盐液设备系统不是盐液泵,将配制好一定浓度的盐液送入离子交换器进行还原,而是由水力喷射器将盐液箱中的饱和盐液吸至喷射器,由水力将盐液稀释并送入交换器中。溶盐箱分为两个部分,一部分存放食盐并溶解,饱和盐液则流至另一部分。贮存盐液的这一部分箱内装有浮球阀,使盐液的液面保持一定。再生时打开水力喷射器进水管上的电磁阀,生水流经水力喷射器将盐液抽送至交换器,并加以稀释。当贮存盐液箱中的液位降至一定高度时,过液阻气阀将吸盐管关闭,就停止进盐液而开始树脂的清洗。

还原过程的关键是盐液箱中的盐液必须是饱和盐液,为了保证其为饱和溶液,过量的食盐是直接加在溶盐箱的存放食盐并溶解的那一部分,在其中常存有多余的盐粒。而此锅炉房操作人员仍照以前的操作,将盐液预先配制成 10% 浓度的盐液放入盐液箱中。经水力喷射器抽送再予稀释,盐液浓度过低造成树脂的还原度很差,不能充分还原,交换器出水硬度就仅能达 3.3mmol/L。将加盐的操作改正后,交换器运行正常。

3.1.3 阳树脂的"铁中毒"及交换器的内壁防腐

钠离子交换器的内壁必须采取措施进行"防腐"避免阳树脂与交换器壁的铁接触,失去软化的能力,并使树脂无法再还原成钠型树脂,故称为"铁中毒"。此处所述的"防腐",实际上就是在交换器的内壁形成一层绝缘层进行隔离。"铁中毒"是钠离子软化常见的故障。树脂"铁中毒"后,变成似铁锈的红色,必须全部清除,更换新树脂之前还要重新做好"防腐层"的涂抹施工工作。

离子交换剂对水中常见各种离子的吸着能力是不一样的,有一些离子被交换剂吸着以后要把它再置换下来比较困难;而另一些离子则难被吸着,易被置换。这种性质就称为离子交换剂的交换选择性。将各种离子易被吸着能力的大小为序,排列如下:

$$Fe^{3+} > Al^{3+} > Ca^{2+} > Mg^{2+} > K^+ \approx NH_4^+ > Na^+ > Li^+$$

这就是"铁中毒"后的树脂不能再置换 Ca^{2+}、Mg^{2+} 等硬度物质,和不能再以 Na^+ 还原的原因。

新的离子交换器出厂前可以采取橡胶衬里和涂树脂涂料等措施。但已安装并投入运行的离子交换器,一般只能在将"铁中毒"的树脂排尽后,先将交换器内壁铁锈彻底清除干净,然后在防水和防油的条件下将涂料在壁上涂均匀。常用的涂料是环氧树脂和聚氨树脂两种。涂料的选材及其配比十分重要,兹将某三个锅炉房的经验介绍如下。

【例35】 此锅炉房选用 6101 环氧树脂、乙二胺、二丁酯、丙酮四种材料制成涂料,并做了成分配比的试验,如表 3-3 所示。

配比试验各种材料用量及份数　　　　　表3-3

配方序号		1	2	3	4	5	6	7
6101 环氧树脂	g	500	400	540	570	300	620	500
乙 二 胺	g	30	40	55	57	30	60	50
	份	6	10	10.19	10	10	9.68	10
二 丁 酯	g	100	80	55	57	30	120	25
	份	20	20	10.19	10	10	19.35	5
丙 酮	g	100	160	270	285	190	300	250

各种配方的效果：

配方序号1：发软，硬化要三天。

配方序号2：硬化时间比配方序号1略快。

配方序号3：12h已硬化，是否耐用未实践。

配方序号4：20min就硬化，无法操作。

配方序号5：硬化时间适当（约1h）。

配方序号6：硬化时间太长。

配方序号7：二丁酯过少易发脆。

试验结果认为：配方中关键是6101环氧树脂与乙二胺的比例。乙二胺用量过少则发软；过多则硬化时间过短。用乙二胺多，潮湿时易吸潮，有时也会发软。乙二胺一般用7~9份（新开瓶的药剂可按近7份，储存较久的药剂可按近9份）。二丁酯用10~20份，一般15份较合适，多则软，少则脆。丙酮要适量，能合溶成便于施工的稠度即可。综合上述，提出最佳配方比例（按重量）如下：

6101环氧树脂	100份
乙二胺	7~9份
二丁酯	10~20份
丙酮	适量

另一锅炉房【例36】则采用6101环氧树脂、磷苯二甲酸二丁酯及乙二胺，提出配方比例如下：

6101环氧树脂	50克
磷苯二甲酸二丁酯	5克
乙二胺	3克

配料的顺序是称将磷苯二甲酸二丁酯加入6101环氧树脂中，边滴边拌均。然后再加入乙二胺，搅拌成糊状。

以聚氨树脂为涂料的某锅炉房【例37】提出配方及工艺为共涂三次，每次间隔2~4h。

第一次涂料配方：聚氨基甲 64%；聚氨基乙 36%；掺 100% 红丹。

第二次涂料配方：聚氨基甲 64%；聚氨基乙 36%；掺 50% 红丹和 10%~15% 二甲苯。

第三次涂料配方：聚氨基甲 64%；聚氨基乙 36%；掺 25%~30% 二甲苯。

3.1.4 锅内加药锅炉入口结垢的消除

【例38】某厂生产用小容量的蒸汽锅炉，采用锅内加药水处理，使用效果较好，但锅炉入口处管道结垢严重。

调查时取锅炉房生水（城市自来水）水样送邻厂锅炉房化验室分析，其结果如表 3-4 所示：

生水水质分析　　　　　　表 3-4

总硬度（mmol/L）	总碱度（mmol/L）	氯离子（mg/L）	pH 值
1.7	4.42	91.24	7~8

从分析数据可以看出，其生水的总碱度 > 总硬度，为负硬水，永硬 = 0；负硬 = 2.72mmol/L。没有永久硬度，总硬度全部为暂时硬度（即钙、镁盐碱度）。这种水受热后其硬度物质很容易沉淀，当其刚流至锅炉入口处，很快沉淀而在管道内形成水垢。

防止的方法就是在生水中加六偏磷酸钠（$NaPO_3$）$_6$，它与水中的钙、镁离子络合成为很难水解的六偏磷酸钙离子 $[Ca_2(PO_3)_6]^{2-}$，或六偏磷酸镁离子 $[Mg_2(PO_3)_6]^{2-}$，就不会在入口管道处结垢。进入锅炉后，在高温及高硬度条件下，这些络合离子则进行水解，钙、镁离子仍可析出。一般六偏磷酸钠的投入量，每吨水中投 2~5g。采取这种措施后，解决了入口处管道结垢的问题。

3.2 反渗透脱盐装置的故障与争议

很长时期，供热用热源都为低压蒸汽或热水锅炉，其给水仅需要软化与除氧，个别情况下需要除碱。软化绝大多数采用离子交换，个别小锅炉甚至还采用炉内加药。近年来以小型热电厂为热源的供热系统日益增多，小型热电厂多采用中压或次高压锅炉，其给水需要脱盐。传统的脱盐方式是用阴阳离子交换，近几年才逐渐采用反渗透膜分离技术。这种水处理方法相对而言，对供热单位的技术人员较生疏。

反渗透技术简称 RO（Reverse Osmosis），其设备系统是以反渗透膜为主体。为使原水（水源来水或称生水）水质能达到反渗透膜进水的要求，在水进入反渗透装置前要经过一系列的设备进行预处理或称前处理。为使反渗透装置的出水水质达到锅炉的要求，在水通过反渗透装置系统处理后常需再通过一些设备的处理，这些设备系统称为精处理或称后处理。反渗透装置的故障，主要与预处理是否得当有关。最终出水水质是否达标则与预处理、反渗透及精处理都有关。本节不全面阐述它们有关的技术问题，仅就发生故障；在膜元件（组件）设计排列上；和设备系统选用上有关问题与争议的三个实例加以介绍。

3.2.1 反渗透膜的堵塞与破损

【例39】某供热公司的热电厂设置两组反渗透脱盐装置，其1号反渗透装置于某年11月6日开始小水量试运行并调试，至次年1月30日，一直运行正常。1月31日下午2:00发现浓水排不出来。2月1日凌晨2:00膜堵塞并破损，将1号反渗透装置停运，8:00开启2号反渗透装置供水。2月上旬厂家对1

号装置进行检查，发现膜上积有大量垢，经分析这些垢，均为碳酸盐垢，用盐酸很容易洗掉。未发现有硫酸盐垢等难溶盐垢。

厂家派来检查的技术人员分析，认为产生事故可能的原因有二：

（1）非操作人员误动出水阀门，出水量增大所致；

（2）操作人员忘了加药或加药量太少所致。加药系指加阻垢剂PTP-0100。

经讨论这两个可能性都予以否定。

（1）误动出水阀，不可能。因为当时由厂家派人进行调试尚未验收，在现场无"非操作人员"，而操作人员都按厂家参加调试的技术人员指导操作的。又查了从1月29日至2月停止运行的调试记录中，全部"回收率"的记载（正常回收率是不大于75%）：

1月29日记载的10个数据，都在71.3%~73.95%；

1月30日记载的6个数据，都在72.36%~73.47%；

1月31日12：00以前记载的4个数据为：72.38%、72.59%、74.85%和74.41%；

1月31日下午2：00记载"浓水排不出来"，以后的回水率分别为99.07%、99.91%、99.97%及100%；

2月1日凌晨0：00记载为99.94%，2时为99.82%，然后停机。

显然，是发生故障后回收率才上升的，而不是回收率上升而引起故障。

（2）未加阻垢剂或加入量不足问题也予否定

调试记录中查出：1月30日及1月31日下午2：00，都有配药加药记录。每次应加1180mL，只是其中有一次记载加入量为118mL。后查明实际加药量都为1180mL，其中一次记为118mL，系加药人笔误。

以上提出的可能性都被排除，然后就又从（1）反渗透装置的设计；（2）判别是否结碳酸盐垢的主要指标是郎格里尔指数（Langeler Saturation lndex——简称 LSI），进行生水水质 LSI 值的计算；（3）按实际运行参数与计算参数的差别，分析结碳酸盐垢的原因。结果如下：

（1）反渗漏装置的设计计算，由电算资料查得：设计 RO 膜为美国海德能公司膜，故遵照海德能公司的"设计导则"。高压泵最大流量为 $133.4m^3/h$，进入 RO 装置的给水压力为 $1.03MPa$（$10.3bar$）；给水温度为 $25℃$（$77℉$）；进水 pH = 7.9。水的回收率为 75%。膜元件用 8040；每个压力容器中有 6 支膜元件。

按以上条件计算共需 20 个压力容器组件，共需 120 支膜元件。压力容器分两段布置，第一段 13 个压力容器；第二段 7 个压力容器。第一段第 1 支膜的浓水流量为 $1.0m^3/h$；第二段最后一支膜（第 6 支膜）的浓水流量为 $0.6m^3/h$。

核算：①第一段第 1 支膜：

最大给水流量 = 泵最大流量/第一段压力容器数

$= 133.4/13$

$= 10.26m^3/h$ 小于设计导则规定最大值（$17m^3/h$）

产水量 = 总流量 − 浓水流量 = $10.26 − 1.0 = 9.26m^3/h$

产水量：浓水量 = $9.26:1$ 大于设计导则规定最小值 $5:1$

②第二段第 6 支膜：

浓水量 = 最大给水流量 × （1 − 回收率）

$= 133.4 × (1 − 0.75) = 33.35m^3/h$

浓水流量 = 浓水量/第二段压力容器数

$= 33.35/7$

$= 4.76m^3/h$ 大于设计导则规定最小值 $2.7m^3/h$

③设计导则规定,回收率为75%时:

第一段(回收率为50%),压力容器数宜占总容器数的2/3,即0.67

第二段(回收率为25%),压力容器数宜占总容器数的1/3,即0.33

此设计,第一段为13/20 = 0.65,第二段为7/20 = 0.35,符合要求。

④设计导则规定,每支膜压差不得大于70kPa(0.7bar或10psi),现最大为40kPa(0.4bar);

设计导则规定,浓度极化系数 βeta(Concentrate polarization factor)不超过1.2,现最大为1.11。

总之,从 RO 装置的设计及压力容器的排列上都未发现任何问题。

(2)设计时甲方提供了3月份、6月份、9月份、12月份生水的水质分析资料,发生事故后2月23日又取水样进行分析,也就是说提供了五种变化的水质资料。电算是采用3月份的水质来计算的,得 LSI = 1.6。按海德能设计导则提出:加有机阻垢剂后,LSI 的限值不得大于1.8。但按 PTP-0100 说明书则提出加此阻垢剂后 LSI 的限值为2.8。按电算的数据 LSI = 1.6 < 1.8 应不会产生碳酸盐垢。但水质变化情况又如何呢?现将按五种水质分别由图表计算出其 LSI 值如表3-5所示:

五个水质浓水 LSI 值　　　　　　　表3-5

水　质		3月份	6月份	9月份	12月份	2月23日
TDS(mg/L)	给水	467.4	456.4	258	404	194.4
	浓水	1869.6	1825.6	1032	1616	777.6
A 值	浓水	0.23	0.22	0.20	0.21	0.19

续表

水　　质		3月份	6月份	9月份	12月份	2月23日
温度（℃）				25		
（℉）				77		
B值				1.985		
Ca硬（mg/L）	给水	70.14	42.59	55.11	81.43	40.08
	浓水	280.56	170.36	220.44	325.64	160.32
C值	浓水	2.05	1.84	1.94	2.12	1.81
总碱度（mg/L）	给水	135	120	75	85	95
	浓水	540	480	300	340	380
D值	浓水	2.73	2.68	2.48	2.53	2.58
pH值	给水	7.9	8.09	7.82	7.56	7.95
	浓水	8.374	8.575	8.289	8.014	8.427
pHs值	浓水	6.735	7.185	7.065	6.895	7.085
LSI值	浓水	1.64	1.39	1.82	1.12	1.34

注：①Ca硬及总碱度，mg/L都按$CaCO_3$表示。
②除pH值浓水按给水的1.06倍计算外，其余成份的浓缩倍数均按4倍计算。
③A、B、C、D值均按图表查出。
④$pHs = (9.3 + A + B) - (C + D)$。
⑤$LSI = pH - pHs$。

从表3-5计算出的LSI值可以看出，按3月份水质计算出的LSI值不是最不利情况，最不利情况为按9月份水质，LSI = 1.82，接近1.8，距2.8较远，故结碳酸盐垢的可能性很小。

（3）实际运行情况与设计情况的差别

从"运行日报"的记载查出，实际运行情况与设计条件的差别主要在进水的pH值与温度两项，现将1月31日及2月1

日这两项实际运行数据列于表3-6。

实际运行的进水温度及 pH 值　　　　表3-6

时间		00	02	04	08	10	12
进水温度（℃）(31/1)		7.6	8.1	8.64		8.2	8.0
进水 pH	(31/1)	9.45	9.46	9.52		9.53	9.54
	(1/2)	9.59	9.50		9.53		
时间		14	16	18	20	22	平均
进水温度（℃）(31/1)		8.1		4.7	4.8	4.9	7℃
进水 pH	(31/1)	9.60	9.62	9.56	9.57	9.596	9.542
	(1/2)					9.53	

注：2月1日无温度记录。

从表3-6看出其实际进水的 pH 值不是如表3-5所示为7.56~8.09，而是最低9.45；最高9.62；平均9.542；进水温度也不是25℃，而是最低4.7℃；最高8.64℃；平均7℃。

若按 pH = 9.62，则 LSI = 9.62 × 1.06 − 7.065 = 3.13

按 pH = 9.45，则 LSI = 9.45 × 1.06 − 7.065 = 2.95

按 pH = 9.542，则 LSI = 9.542 × 1.06 − 7.065 = 3.05

即：按实际运行的进水 pH 值，LSI 都超过2.8可能会结碳酸盐垢，常规应在进入 RO 装置前要加酸处理。

由于进水温度降低 B 值会增高，数值如下：

进水温度(℃)	25℃	8.64℃	7.0℃	4.7℃
(℉)	77℉	47.55℉	44.6℉	40.46℉
B 值	1.985	2.37	2.43	2.48

按平均温度（7℃）计，B 值会增大 2.43 − 1.985 = 0.445。也就是 pHs 增大0.445，或 LSI 降低0.445

则：pH = 9.62 时　　LSI = 3.3 > 2.8

　　pH = 9.542 时　　LSI = 2.6 接近于2.8

pH=9.45 时   LSI=2.5 接近于 2.8

从以上分析可知，进水 pH 增高是造成事故的原因。那么进水 pH 值为什么会增高呢？检查其处理的工艺流程如下：

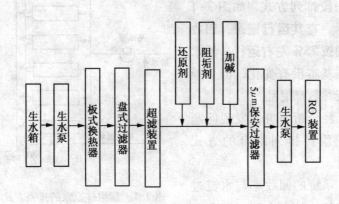

加入还原剂（Na_2SO_3）是为了还原水中氧化性余氯，保护 RO 膜。

加入阻垢剂（PTP-0100）是为了提高 LSI 限值和防止难溶盐类结垢。

加入碱（NaOH）是为了将溶在水中的 CO_2 气体转化成 HCO_3^- 离子。CO_2 气体 RO 膜不能去除，转化成 HCO_3^- 后，经过 RO 膜就可以被去除。

至此，结碳酸盐垢的原因终于查明，是由于在预处理中加了 NaOH 使进水的 pH 值提高所致。按常规易结碳酸盐垢的水质，一般采用加酸处理。此例在预处理中人为加了 NaOH，当然不必再加酸，只在进入 RO 膜之前取消加 NaOH 就可避免。采取此措施后又运行两个采暖期末再结垢。

3.2.2 膜组件排列组合不当的事故

【例40】某中压锅炉的反渗透脱盐装置，运行不到三个月膜严重结垢与堵塞而发生事故。该装置的系统回收率采用标准回收率75%，按水质设计采用6个6m长的膜组件，采用一段排列方式，如图3-1所示。查其运行记录，回收率确按75%左右运行，给水水质基本没有变化，但多项运行参数都混乱。

经分析研究，发现问题在膜组件排列组合的方式不对。

系统的回收率与水流过膜组件的长度有关，如表3-7所示。

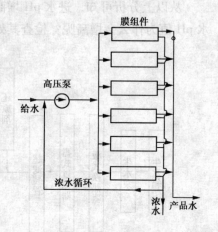

图3-1 膜组件原来的排列方式

对6m长膜组件回收率与水流长度的关系　　　表3-7

系统回收率（%）	50	75	87.5
水流过的长度（m）	6	12	18

按图3-1所示的排列方式，回收率仅能达到50%。为了追求达到75%的回收率，必须强化运行，导致运行参数混乱而造成膜结垢或堵塞。后来将膜组件的排列组合改为如图3-2所示的"一级二段"第一段装4个膜组件；第二段装2个膜组件。两段水流串联，水流过的长度达到12m的要求（若原高压泵压力不够，可在第一段与第二段之间增加一台水泵成为"二级二段系统"）。改变浓水循环系统为二段串联系统后，不仅回水率达到近75%的要求，而且所有运行参数都正常，膜的故障随之消除。

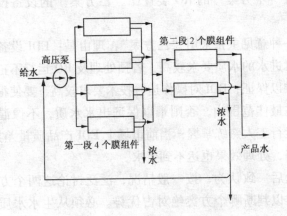

图 3-2 改变后膜组件的排列方式

3.2.3 反渗透精处理系统选择的争议

【例 41】某新建供热的热电厂,给水采用反渗透脱盐。在各厂家提供的投标方案中筛选出甲、乙两家的两个方案进一步评选。甲厂家提供的方案以下称"甲方案";乙厂家提供的方案称为"乙方案"。在这两个方案的评选项中有两种不同意见的争议。

两个方案在设计膜组件排列上都完全符合"设计导则"的规定,都可行。两个方案的预处理系统完全相同。价格也很相近。RO 系统都用 CPA3 型 RO 膜,回收率都为 75% 也基本相同。但"甲方案"的设备费比"乙方案"低约 4 万元人民币。精处理主要不同在于"甲方案"采用 EDI,而"乙方案"采用混床。

一种意见认为应采用"甲方案",理由是:EDI 是一种新技术,它不需化学再生,无废酸液和废碱液排放的污染;不需停机再生,可连续生产,易自动控制;组件模块化,设计及安装方便,占地面积小;虽然设备投资费用较高,但运行费用比较低,而且"甲方案"的 RO 装置比"乙方案"的设备投资费用略低。

另一种意见主张采用"乙方案",理由是:EDI 设备投资费用高;对进水的水质要求较高,若预处理及 RO 运行不正常则出水水质难以保证;EDI 对操作运行技术要求较高,要使很多参数都保持在最佳范围内,否则难以保证出水水质,不像混床那样容易被运行工人熟练掌握;当前市场上 EDI 产品质量差异太大,选购不当,处理效果也达不到要求。

讨论后一致认为,按一般情况,泛泛讨论这两个方案各有利弊,难以判断哪个方案绝对占优势。必须从生水水质等具体情况加以评定。

这个热电厂的生水水质比较特殊:一是供水水源很多,是将地表水与井水混合供应,其混合比例不固定;二是地表水随季节变化很大;三是水质都较差,地表水含盐量及胶体物质较多;井水含硅非常高,单供井水其含 SiO_2 量可达近 20mg/L。总之,水质差、变动大,因此应把要求水处理方式越可靠,越稳定放在首位。

关于除硅的效果,在混床系统可采用应用强碱性再生剂,调节 pH 值,避免漏 Na^+ 现象等措施加强除硅效果。对除硅而言,混床系统较优于 EDI 系统。

两个方案的 RO 系统虽然都采用相同的膜和膜元件,膜组件也都采用两段布置,但设计采用给水压力不同,结果也有区别,如表 3-8 所示:

两个方案的异同　　　　　　　表 3-8

项　目	甲方案	乙方案
膜的种类	CPA3	CPA3
膜元件的规格	8040	8040
每个压力容器的膜元件数	6	6

续表

项　目		甲方案	乙方案
泵的流量（m³/h）		112.1	111.3
给水压力（MPa）		1.56	1.15
给水温度（℃）		20	25
计算共需膜元件数		84支	90支
计算共需压力容器数		14个	15个
膜组件×膜元件	第一段	10×6	10×6
	第二段	4×6	5×6

从3-8表可以看出，由于"甲方案"采用的给出水压力（1.56MPa）比"乙方案"（1.15MPa）高，因此计算所需膜元件数"乙方案"比"甲方案"多6支，也就是膜组件（压力容器）数"乙方案"比"甲方案"多1个，"甲方案"正因为压力容器少用1个，膜元件少用6支，故其RO装置的设备投资比"乙方案"低约4万元。

膜组件及膜元件的排列，第一段两个方案相同均为10×6；但第二段"甲方案"为4×6，而"乙方案"为5×6。因此，两个方案在防止结垢性能上"乙方案"略优于"甲方案"，这可由以下电算数据看出，也就是说两个方案相比"乙方案"更略为稳妥，两个方案的防垢性能的比较见表3-9。

两个方案防垢性能的比较　　　　表3-9

项　目	甲方案	乙方案
LSI（最大）	1.82（20℃）	1.53（25℃）
$CaSO_4/ksp*100$	15%	7%
$SiO_2/ksp*100$	17%	15%

* 原水质资料未提供 Ba 及 Sr 含量。

根据以上分析，再加上"甲方案"的设备投资高于"乙方案"；和新建热电厂工作技术水平不高等两个因素，最后一致同意采用"乙方案"。

3.3 给水除氧的故障

3.3.1 加亚硫酸钠除氧效果的改进

【例42】某小型锅炉房采用给水加亚硫酸钠除氧，效果很差。该锅炉房是将定量的亚硫酸钠溶化后直接加入开口的软水箱中。后来采用靛胭脂比色法测定除氧前后的水质，得知其除氧率仅为30%~40%左右。分析认为除氧率很低的原因可能是：

（1）亚硫酸钠的加入量不够，按水中含氧量估算，此锅炉房亚硫酸钠加入量已达到除去 1mg/L 的氧气加入 20mg/L，也就是说已达到"基础加药量"，但考虑工业亚硫酸钠的纯度和亚硫酸钠的过剩量的要求，还应多加"补充加药量"；

（2）水温太低，亚硫酸钠与水氧的化学反应速度过慢；

（3）开口水箱，水面长期与空气接触，容易溶解空气中的氧，特别是水温低，水中氧的饱和含量高，而除氧化学反应速度又慢，必定降低除氧效果，除氧后残留含氧量高。

针对分析情况，做了如下的改进：

（1）由向软化水箱内加亚硫酸钠改为向给水箱中加亚硫酸钠，由于回水的混入，其水温常达 40~50℃ 甚至更高；

（2）给水箱液面放置塑料小球，阻止空气中氧的溶入；

（3）除提高水温外，还在水中加 0.07mg/L 的硫酸铜（$CuSO_4 \cdot 5H_2O$）作为催化剂，提高化学反应速度；

（4）略为增加亚硫酸钠的加入量，考虑水温提高后，水中原始含氧量会有所降低和经济因素，未将增加亚硫酸钠作为改进的重点，增加的量很少。

经过改进后，除氧效果显著提高，除氧率可达85%以上，残留氧的含量低于0.5mg/L。若在水温、催化剂及亚硫酸钠加入量等进行调试后，残留含氧量还可以有较大幅度的下降。

3.3.2 加装热力除氧器导致铸铁省煤器爆管事故

【例43】某供生产用汽的锅炉房，设有三台4t/h蒸汽锅炉，产汽为1.0MPa的饱和蒸汽。生水为地下水碱度较大，水处理仅设钠离子交换器进行给水软化，未设除氧器。每台锅炉均单独设置铸铁省煤器。运行一年多大修时，发现锅筒内腐蚀斑点严重，平时运行锅水碱度超标。为了改善水质，在给水泵前加装了大气式热力除氧器，经劳动部门同意，加装了连续排污，并装排污扩容器，其产生的二次汽供入大气式热力除氧器。

改装后加强排污，锅水碱度达标，但给水含氧量仍不能达标，其他运行正常。含氧量仍不能达标的原因，是热力除氧器运行不良，除氧水温仅达90℃左右，后将除氧水温调至104～105℃后，除氧水含氧量达标，但运行不久，发生几次铸铁省煤器的连接弯头爆破。

经研究，大家认为单就排污及除氧而言，这个改造方案是合理的，但水处理的改善方案必须与锅炉整个系统相协调。低压锅炉常用的铸铁省煤器较耐腐蚀，但是不能使其中被加热的水汽化。因此，要求省煤器的出口水温至少要比给水压力下的饱和温度低30℃。1.0MPa的饱和蒸汽，其饱和温度约为180℃，也就是出水温度应低于150℃。

此锅炉房供生产用汽，回水较少，给水温度不高，未装除氧器前省煤器出水温度低于100℃（该锅炉房省煤器出口未装温度计，出水温度未能取得确切数据）。加装大气式热力除氧器给水进入省煤器的温度提高至104～105℃，引起省煤器中的水汽化而导致连接弯头爆破。

提出两个改进方案：

（1）改用真空式热力除氧器，降低进入省煤器的水温；将排污扩容器取消，加装进除氧器前的给水加热器，以锅炉排污水作为加热介质。

（2）将现在系统改为如图3-3所示，给出水先经省煤器加热后进入大气式热力除氧器，除氧水经给出水泵进入锅炉。这个方案只需增加一台水泵（图内未表示）。厂方采用了第（2）方案，运行中未再发生省煤器爆管事故。

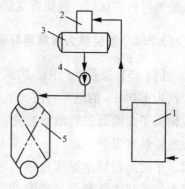

图3-3 改后管道系统
1—铸铁省煤器；2—除氧器；
3—除氧水箱；4—给水泵；
5—锅炉

3.3.3 射流真空除氧的低位设置问题

【例44】 某由小区管理的小型采暖锅炉房，仅设置两台小容量的热水锅炉，单层布置，拟设置射流真空除氧以防止腐蚀。据了解某电厂一台英国进口的真空除氧器安装在地面上。又查阅了三家生产厂家提供低位设置的真空除氧设备的"产品说明书"：

（1）其中一家生产厂家的"产品说明书"内给出两个"整套装置流程图"；其"低位锅炉房射流真空除氧整套装置流程图"中明确给出真空除氧器是建立在 0.00 标高上；只在"大吨位锅炉射流真空除氧流程图"，才指出真空除氧器建立在 ≥4m 标高上。

（2）某一专门生产低位真空除氧设备厂家产品说明书指出，

低位真空除氧设备,"与传统真空的除氧相比,无需放置在10m以上高度,可以零线布置,是真空除氧的第三代产品"。

(3) 另一专门生产低位真空除氧器厂家的"说明书"中产品说明方案的"3.特点"中说明:"(1)本除氧器实现了低位安装,便于在单层锅炉房布置,因而节约土建投资,使用管理方便"并附有卧式及立式除氧器的两个"流程示意图"。其卧式"流程示意图"标明真空除氧器安装标高为"0.00m",而立式"流程示意图"标明安装标高为"+0.6m"。

根据以上四方面的资料,此锅炉房决定在0.00标高安装"低位真空除氧器"。安装后试运时,锅炉给水泵上不了水,且发生气蚀现象。

其实,关于真空除氧的技术文件中早已提出,真空除氧因是负压操作,而在锅炉给水泵前必须呈微正压,否则从泵的轴封处会有空气漏入,空气中的氧重新溶解到水中,使含氧量又增高。并且水泵产生气蚀,上不了水。因此,除氧水箱的液位必须控制在至少10m或11m标高以上,才能使泵进口处呈微正压,这在高层锅炉房建筑中布置问题不大。但在单层布置的小型锅炉房就发生困难。低位真空除氧器将水箱安装标高下降,都必须在除氧水箱出口装射流接力泵,或采用轴封严密的单级离心泵,保证锅炉给水泵入口为正压。某电厂英国进口的真空除氧器装在地面,但其除氧水箱里装有一台液下泵。

至于真空除氧器安装标高问题,一般认为如果建筑物允许,尽量采用高位布置(水箱液面至给水泵入口高度在10~11m以上),不必采用"低位布置"。若由于建筑物限制采用低位设置时,其布置的标高,与设计的"接力泵"性能有关,一般都不主张布置在0.00标高;有的主张≥7m标高;也有主张≥4m标高。无论规定在什么标高,其设备系统必须保证锅炉给水泵入口微正压。

有些锅炉辅机制造厂，购买真空除氧器的图纸进行仿造，但没将有关技术吃透，以致造成误导。事后将问题向厂家询问，有的答复为说明书中"笔误"；或说"说明书是指装有接力泵的条件，而说明书中未加说明"，或说"系统图中遗漏了接力泵"，表示歉意。也有的强词夺理，竟回答说他们指的 0.00 标高，或"零线布置"，都是以双层布置的锅炉操作层为基准。当然制造厂家的误导会产生极不良的后果，但采用新设备、新技术的单位，也应引以为戒，采用新设备和新技术前，必须将技术问题摸清，查阅有关技术资料或向技术部门咨询，最好有实况的考察。

【例45】 某丝厂锅炉房有两台 10t/h 蒸汽锅炉供生产用汽，原配备热力除氧，其蒸汽消耗量实测为产汽量的 12%，并且工作不稳定。因而提出："利用余热应用射流真空除氧装置使锅炉节能再增经济"的改造项目。在考察和了解真空除氧设备及有关技术后，将原热力除氧装置停用，安装并投运真空除氧器。投产后蒸汽消耗量虽降为产汽量的 3%~5%，但除氧效果达不到要求。继而又进行多方位的分析研究，找出影响除氧效果及提高节能效果的因素，并分别采取对策，加以改进。如：

（1）利用回收余热加温，提高待除氧水的温度，取消原设蒸汽加热器，取消了所消耗的蒸汽；

（2）将射流泵喷嘴的毛刺磨光，并重新调位安装；更新射流盘垫圈，使喷射泵达到要求；

（3）将橡胶垫全部更新为石棉垫，以消除由于温度变化，橡胶垫使用2个月就断裂，出现泄漏的现象；

（4）检查阀门，将质量不好的球阀，都改成不锈钢球阀；

（5）对除氧器的喷头进行定量局部封闭；

（6）在喷射器与除氧器联结的真空管道上加装了逆止阀，以防止停运或真空破坏时管内的水倒灌；

（7）熟悉使用说明书，改进操作。

经过改进后,设备运行可靠,除氧效果良好,节能效果也显著,取得了当地省节能中心和市领导的表扬,通过了市级鉴定。其除氧效果的测定数据如3-10表所示:

除氧效果的测定 表3-10

除氧器工作温度（℃）	真空度（表压力 MPa）	含氧量（mg/L）
30	0.097	0.07~0.08
35	0.096	0.06
37	0.096	0.06
40	0.094	0.05
43	0.0898	0.04
55	0.084	0.03

测定时给水压力为0.25MPa,给水流量20t/h不变。

3.3.4 还原铁粉过滤除氧出水不能达标的原因

【例46】某供热锅炉房,设置4台14MW热水锅炉,水处理原采用钠离子交换软化,向软化水内加磷酸三钠作为防垢处理,最后给水进入解吸除氧系统进行除氧。因种种原因解吸除氧改为还原铁粉过滤除氧。铁粉过滤除氧投入后并未发生铁粉板结等现象,除氧也见效果,但出水始终不能达标。

锅炉房的水处理工、技术人员、厂外专家及水处理设备制造厂家的技术人员,共同进行考察研究,发现问题在以下两方面:

(1) 铁粉层的冲洗强度不够

还原铁粉过滤除氧,是给水通过装有海绵状多孔铁粉的过滤器,在常温下水中的氧与铁粉起电化学反应而氧被消除。故又称海绵铁除氧器,或常温过滤除氧器。其反应是:

$$2Fe + 2H_2O + O_2 \longrightarrow 2Fe(OH)_2$$

由于 $Fe(OH)_2$ 在含氧水中是不稳定的,它将继续氧化成溶解度非常小的 $Fe(OH)_3$:

$$2Fe(OH)_2 + H_2O + \frac{1}{2}O_2 \longrightarrow 2Fe(OH)_3 \downarrow$$

生成的絮状沉淀物 $Fe(OH)_3$,经一定时间必须反洗从过滤器中冲去,这就要求有较大的反洗强度,一般为 $16\sim21L/(m^2\cdot s)$。

此锅炉房的铁粉过滤器,虽然也有反冲水管,但是接于锅炉房的自来水管上。对钠离子交换器的反洗,自来水压已足够,但是 $Fe(OH)_3$ 的比重较大,用自来水反冲,其反冲强度不够,沉淀物冲不出去。絮状沉淀物不断积累,必须影响除氧效果。

(2) 进入铁粉过滤器的软化水,是先经加入磷酸三钠的碱性水,对电化学反应起钝化作用,而影响水中氧与铁粉的化合。而且给水磷酸盐防垢处理的目的,是使锅水中经常维持一定量的磷酸根,它与剩余浓度较小的钙离子形成碱式磷酸钙 $[Ca_{10}(OH)_2(PO_4)_6]$ 水渣,随锅炉的排污排除。虽然在这种反应要在 pH 在 $9\sim11$ 的范围内才大量产生,但在铁粉过滤器内也可能有少量产生,而包覆在铁粉表面,影响除氧效果。

根据上述分析意见,锅炉房采取了相应的措施:

(1) 在铁粉过滤器反洗管入口前加装了一个水泵加压,以提高其反冲强度;

(2) 将加磷酸三钠的装置改装在铁粉过滤器的出口处。

采取这两项措施后出水的含氧量都能达标。

3.4 碎煤机出力达不到要求的问题

【例47】某供热公司的锅炉房设置数台循环流化床锅炉,其用煤的平均成分为:外水分 3.72%;挥发分为 13.85%;固定碳为 58.17%;低位发热量为 21731kJ/kg。按三班运行,两班运煤，每班实际有效工作时间按 6h 计算，每小时需碎煤约 130t。设计要求破碎后煤的粒度为 0~3mm。

考虑环锤式碎煤机破碎的粒度能满足循环流化床锅炉的要求，并有节能、噪声小、粒尘少等优点，故按某设备制造公司产品样本选用了"PCH-1010"型号环锤式碎煤机，配 90kW 电动机。

投运后破碎煤的粒度基本可以达到要求，但出力最大仅达到要求碎煤量的一半多。该设备制造公司产品说明书的技术参数如表 3-11。

PCH 型环锤式碎煤机主要技术参数　　　　表 3-11

型号	转子直径×长度（mm）	转子转速（r/min）	最大进料块度（mm）	出料粒度（mm）	产量（t/h）	电动机 型号	电动机 功率（kW）	电动机 电压（V）
……	……	……	…	…	……	……	…	
PCH-0606	600×600	980			30~60	Y225M-6	30	
PCH-0808	800×800				75~105	Y280M-8	45	
PCH-1010	1000×1000	740	200	3~60	160~200	Y315M-8	90	380
PCH-1016	1000×1600				400~500	Y400-8	220	
PCH-1216	1200×1600				500~620	K400-8	280	

按上表复查，所选的型号及配的电动机似乎都无错误，后来向制造公司咨询，答复说甲方对产品说明书未全面了解，说明书的技术参数表后文字说明中还有这样一条说明："出料粒度可在 3~60mm 任意选择。当出料粒度 ≤15mm 时，产量应为表列数值的 60%；当出料粒度为 3mm 时，物料表面水分不大于 10%，产品应为表列数值的 30%"。

按此说明所选的型号规格，其产量仅为 48~60t/h。正确的选型应选：PCH-1016；产量为 0.3×400~0.3×500，即 120~

150t/h；配220kW电动机。

若按此规格再重购碎煤机，则设备费用过高。经研究，将原一级碎煤改为振动筛中间布置方式的两级碎煤系统，即增加一台反击式碎煤机作为第一级碎煤机，然后增设振动筛，筛分后再进入第二级碎煤机，将原选用的"PCH-1010"型碎煤机作为第二级碎煤机，解决了碎煤机出力不足的问题。

3.5 水力除灰渣系统的故障

3.5.1 由于设计不当而造成的水力除渣故障

【例48】某市老繁华商业区，原无集中供热，按城市规划要实行集中供热，但老市区房屋密度已较大，若建立一个容量较大的锅炉房供热，不仅土地难以解决，而且从观瞻上也不相称，故规划确定分别建几个锅炉房，作为热源。其中有一个锅炉房容量定为4台20t/h蒸汽锅炉，其排渣采用马丁除渣机，低压水力除渣。锅炉房由于原有总图的限制，建成东西两个部分，（东、西锅炉房）每个部分安装两台锅炉，4台锅炉前都排列在一个直线上。西锅炉房的两台锅炉排渣沟由西向东流；东锅炉房的两台锅炉排渣沟由东向西流。两个锅炉房的排渣沟在室外汇合成总排渣沟。全部排渣水在室外总排渣沟汇合后流至沉淀池、过滤池、清水池，经渣浆泵将清水由管道送返作为冲渣水。一期工程先建成西锅炉房建筑及室内排渣沟总排渣沟及沉淀池、过滤池、清水池、渣浆泵和其向西锅炉房供水的管道。在第一个采暖期开始前将西锅炉西端的1号炉安装完毕，立即投入供热。

锅炉运行后，由马丁除渣机排出的渣及由炉排下灰沟排至炉后的漏灰，都聚积在炉后的渣沟内，水力冲不掉。造成灰渣越积越多,运行不到一天就无法运行而停炉,停止供热对市政影响很大,该供热站只得改用人工运灰渣,勉强供热,同时召开"专家会诊会"。

经实地调查研究,发现排沟系统都未按规定设计,存在多方面的问题,主要有:

(1) 渣沟错按灰沟设计,深度太浅。由炉排下漏灰的"灰沟"和炉后排渣的"渣沟"在结构上是有区别的,如图3-4及图3-5所示:

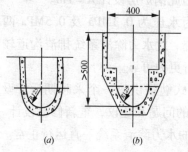 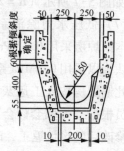

图3-4 灰沟结构图　　　　图3-5 渣沟结构图
(a) 沟深<500mm;(b) 沟深>500mm

此锅炉房内的渣沟都按图3-4(a)沟深<500mm灰沟设计。

(2) 冲渣沟需用很平滑的铸造石镶板,而此锅炉房沟底采用不很光滑的麻石,并且砌筑接缝凹凸不平。

(3) 渣沟坡度设计为1.75%,虽已在规定的1.5%~2.0%之间,但由于沟表面及底部不光滑,1.75%的坡度仍偏小(若考虑坡度增大影响沉淀池的标高太低,可将锅炉房内的排渣沟不全做在地下,而砌在地面上)。

(4) 水喷嘴安装的太平,规定其与沟底的安装尺寸如图3-6所示。而此锅炉房水喷嘴与沟底平角<15°。

(5) 渣沟在拐弯处应加1个喷嘴。

(6) 东西两锅炉房排渣水汇合处转弯的曲率半径R应为

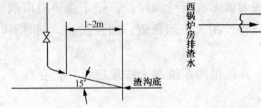
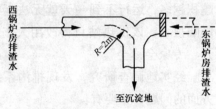

图 3-6　喷嘴安装图　　　　图 3-7　渣沟转弯汇合处

2m，如图 3-7 所示（$R=2m$），但此锅炉房设计 $R=1m$。

（7）低压水力除渣系统分为水压为 0.3MPa 及 0.5MPa 两种，本锅炉房采用 0.3MPa 的系统。此水力除渣系统排渣沟道较长，认为以采用 0.5MPa 系统运行更为可靠。

此锅炉房按人工运灰渣的方式勉强供热一个采暖期后，设计人员根据"专家会诊会"提出的问题和建议，重新修改设计。并按修改后的设计返工，改造后的水力除渣系统一直运行正常。

3.5.2　水力除灰的管道腐蚀问题

【例49】某热力公司的供热锅炉房，设计总容量为 5 台 29MW 的热水锅炉和 2 台 35t/h 的蒸汽锅炉，都是链条锅炉。锅炉房可行性研究方案中是采用水力除渣，麻石水膜除尘，除尘器的灰也采用水力除灰。除渣和除灰是同一个系统。

但进行初步设计阶段，由于征地和批准用地的限制不能满足原定的水力除渣、除灰系统中沉淀池、过滤池、清水池等的用地要求。于是设计部门提出两个方案：

方案（1）：就批准用地范围内，将沉淀池、过滤池和清水池尽量做大（但按正规设计对沉淀池、过滤池和清水池面积的要求还欠缺较多）。

方案（2）：将除渣系统改为固体排渣，炉渣由圆盘除渣机排至平皮带上，驱动平皮带的电动机装变频调速装置。为了节约厂房用地装一台倾角为 45°的"波形挡边输送皮带",平皮带上的渣落到波形挡边皮带,传运至渣仓,由汽车将渣仓的渣外运。

【例 50】 讨论方案时,了解到某锅炉房有类似用地不够的情况。此锅炉房有台 29MW 链条热水锅炉,也是由于用地不够,而将沉淀池、过滤池及清水池等都做的过小。运行后,灰渣的沉淀和过滤的效果都很差,结果是"清水不清",混杂有细渣粒及泥状污物较多,造成渣浆泵、管道、喷嘴及沟道磨损严重;渣浆泵沾泥浆,水管道及喷嘴堵塞现象时有发生。并且方案(2)在渣的向厂外输送及综合利用上都有利。因而否定了方案(1)而采用方案(2)。

锅炉建成运行后不久,就发生除灰水碳钢管道及泵都严重腐蚀。究其原因,是由于炉渣是碱性,而水膜除尘器的冲灰水是酸性,采用冲渣和冲灰为同一系统时酸性水被冲渣的碱性水中和。现在除渣用干式,单独除灰的水,不断循环使用,酸度不断增加,因而产生严重腐蚀。经测试除灰水的 pH 值达 $4\sim4.5$ 甚至更低。更换管道后,采用加碱中和的方法,避免腐蚀。但要大量加碱,使冲灰循环水的 pH 值达 $7\sim8$ 以上,加碱费用难以承受。

也曾试验将酸性循环水排放一部分,补充一部分自来水,以降低其酸度而少加碱。这样虽然加碱量可以减少,但消耗自来水的费用也很可观。

将碳钢管换为不锈钢管,虽腐蚀情况显著改善,但管道仍有腐蚀现象,并且其经济性也没有得到明显的提高。

最后解决的方法采用:(1)将管道改成玻璃钢管;(2)尽量将锅炉房的碱性水(如排污水等)送入沉淀池;(3)加碱使循环水的 pH 值调至 $6\sim6.2$。

第四章 供热站、换热设备及热计量

4.1 供热站的供热故障

供热站包括一次网与二次网的换热站，一次网的汽-水换热首站以及热水锅炉直供的锅炉房。供热站常由于供热能力不足，定压及控制方法不当，供热方式不合理或供热站至用户的管网问题等原因使用户室温达不到要求，供热效果不佳。

4.1.1 定压控制方法不当引起的故障

在多、高层建筑中或大面积多系统的供热系统中，往往由于定压控制方法有误，定压方式不合理，或恒压点压力设计过低，循环水泵入口处压力过低，或多泵运行方式中压力控制不当等原因，常造成"系统串气"，其症状为部分用户不热，供热效果不好，系统或散热器上的部分放气阀打开放不出水，而向系统内吸入空气。

供热系统及控制方法不同，其产生的原因也不相同。现以下述三个实例加以阐述：

【例51】某研究所，供热面积约 $15 \times 10^4 m^2$，原设计为两个供热系统，后合并为一个供热系统供热。建筑物最高7层，最低为2层。两供热系统合并后，系统出现大面积串气，建筑物为2层的办公楼其系统串气最严重。许多楼暖气不热，循环水泵停运后，串气现象明显好转，但循环水泵再次启动，串气现象依然如故。

原来两个供热系统都是分别采用两个膨胀水箱各自定压，两个系统合并为一个系统后，并未将多余的膨胀水箱拆除，形成一个供热系统两个膨胀水箱并存的情况，其结果是系统真正的恒压点在两个膨胀水箱之间，处于上游端的膨胀水箱溢水，处于下游端的膨胀水箱往往会倒空，造成系统串气。

将原有膨胀水箱拆除一个，只保留一个，起定压作用；或将膨胀水箱定压改为变频旁通补水定压后，系统串气问题未再发生。

【例52】某医院，供热面积约 $5 \times 10^4 m^2$，最高建筑5层，室内供热系统采用上供下回，与其他单位合为一个二次网供热区，一次网为城市供热公司的热网，通过换热站供热。该院5层的住院病房楼，1~3层楼供热效果好，而4、5层供热效果很差，患者反映强烈。

经查：此5层楼的室内总立管，先上至5层阁楼，再向下流动保证系统不倒空，恒压点压力至少应保持在20m水柱以上，而供热站的二次网恒压点定压为18m水柱，显然5层建筑物的上层始终处于倒空状态，暖气不热是必然的结果。经协商，将供热站二次网的恒压点压力由18m水柱改为25m水柱后，上述倒空现象立即消除，4及5层室内温度都达到了要求。

【例53】某大型企业，供热面积 $600 \times 10^4 m^2$，由热电厂供热系统，采用直供连接。约有近40个供热站，按照混水加压方式进行供热。由于热电厂软化水补水量不足，只得由40个供热站中的10个供热站共同担负系统补水任务。某年冬季，供热系统出现大面积串气现象，供热效果很差，用户反映强烈。

热力公司多方邀请有关专家进行"会诊"，查明故障发生的原因，主要是多点补水的定压方式有误造成的。该供热系统，无论热电厂还是供热站的补水点，都是将循环水泵的入口处作为系统恒压点进行控制，这种传统定压方式本身就是欠妥的，在同一组循环泵的"单泵系统"中，主循环泵入口处压力流动往往不会造成较大的问题。但在多点补水的情况下，主循环水泵和各热力站的混水加压泵的入口处压力波动会很大，而且很难控制，局部出现压力过低，导致系统串气在所难免。

经研究提出两个改进方案：

（1）各个补水点全部采用变频旁通补水定压，压力统一控制为25m水柱（建筑物最高为7层）。这个方案可彻底消除在多点补水过程中，各水泵入口压力难以控制的弊病，从而保证系统不再串气，是最理想的方案，但设备投资费用可能较高。

（2）增加热电厂软化水的设备，增加软化水产量，将多点补水改为热电厂单点补水。

该企业采用了第（2）方案后，串气现象不再出现。

4.1.2 供热方式不合理引起的故障及锅炉煤耗高问题

【例54】某市××山庄小区，建成完全相同的楼房七栋，供热面积约 $1.8 \times 10^4 m^2$ 左右。每栋楼均为六层，每层有东、中、西三户，采暖为热水采暖，上供下回方式。供水总管由东户的西北角进入六楼，然后沿南侧外墙布置，回水总管从西户的东北角向下至一楼引出，如图4-1所示。

小区内设 DZL2.8~1.0/95/70-AⅡ热水锅炉一台作为供热热源，锅炉水处理采用加复方硅酸防垢剂。

图4-1 供回水总管布置

供热系统主要存在以下两个问题：

（1）住户普遍反映供热不稳定，室内温度波动很大，全天绝大部分时间室温都很低感到寒冷。

(2) 锅炉热效率很低,煤耗量很大。与邻近另一小区设置的一台 5.6MW 热水锅炉相比,两台锅炉的负荷率相近,但此台 2.8MW 的锅炉每采暖季的耗煤量为 5.6MW 锅炉的 75% 左右。

虽然采暖设计时采用的热指标偏大,趋于保守,但锅炉尚未达到额定负荷,排除了由于锅炉出力达不到要求的可能性。检查其热网及室内管道和散热器的设计和施工情况,也未发现任何问题。

该地区冬季冷风主导风向是 WNN,有西侧外墙的居室应更冷,而且西户中厅北窗冷风渗透较为严重;供水总管是由东户引入,绕中户至西户引出。但是从物业管理部门大量的测温数据,并看不出由于楼层朝向影响室温,使有差别的规律。甚至个别住户调查时反映北居室室温最高,中厅次之,南居室相对而言室温最低。

设计院设计时,考虑了避免垂直失调,各楼层暖气片散热面积不同的差异。也考虑了同一楼层,房间朝向对热损失的影响,我们根据设置散热片的数量反算,估计设计院设计时的热指标为:南居室约 $70W/m^2$;中厅约 $95W/m^2$;而北居约为 $130W/m^2$。

物业管理部门的测温记录中,住户反映室温达不到 16℃ 的用户经 66 次测定有 24 次的数据超过 16℃。并发现同一住户,几次不同时间测,其室温测得的数值差别很大。

住户反映供热是间歇供热,每次供热开始时散热器很热,甚至表面感到烫手,但室温不高。以后室温逐渐升高,但散热器表面温度逐渐冷下来,室温随之下降。因此,室温绝大多数时间不达标,感到寒冷。

去锅炉房调查,司炉工是按物业规定的时间烧锅炉。根本不看供、回水温度,不管供回水温度高低,只规定烧、停炉的时间是：

上午：4:30~8:30；10:00~12:00

下午：1:00~4:00；4:30~7:30

晚上：8:30~10:00

以上的调查比较明朗，问题在于供热方式值得研究。按其供热方式是：不论室外温度、供回水温度和室温是什么情况，只按规定时间烧、停锅炉。开始烧炉时，热网中水温很低，室温也很低。一定时间后水温逐渐升高，但由于建筑物的热惰性，虽然水温已至散热器表面烫手，但室温不能立即达标。室温逐渐升高后不久，可能又到停炉时间，热网水温又逐渐下降。结果室温变化不稳定，难以达标，即使可达标延续时间也很短，但煤的消耗却不少。

建议物业管理单位改变供热方式，按室外温度来确定并调节供水温度。摸清室温变化的规律，改变间歇供热的时间，并以供水及回水温度进行控制。物业管理单位按此意见，改变供热方式后，全部用户室温基本上都可达标。

关于锅炉热效率低煤耗高的原因是多方面的：

（1）司炉工为临时工，并每年更换，技术水平很低。不知道何时调风，炉排的各风门的开启度都一致；炉渣发黑，可燃物含量很高；硅酸盐防垢剂应用也不正常。

（2）仪表严重不齐全，除压力表、供水温度表及回水温度表外，没有任何仪表。排烟温度表、送风机电流表、引风机电流表、热水流量或热量表等最基本的有关能源计量和效率指标的仪表都欠缺。

（3）管理水平有待提高。平时用煤不计量，只在采暖期结束时，从账面推算。运行无正式记录，停炉不保养。

（4）供热方式不正确，采暖热指标采用过高。

提高锅炉热效率，节约用煤，不是一朝一夕可以达到的，必须加大力度,提高意识,做些切实的工作和有一定的投入。首先应固定司炉工并培训;提高技术和加强与完善管理制度与规程;同时提高仪表及设备的装备水平。

4.1.3 由于管网漏损和供水温度变化引起的故障

【例55】某市社区供热单位的某供热站供热面积原为 $7.89 \times 10^4 m^2$,设计一次网供回水温度为135℃/65℃;二次网供回水温度为87℃/62℃,设计三台管壳式(直管)换热器三台,每台功率为1.6MW;第一采暖期用户反映室内温度很低。第二个采暖期进行整改,将原三台管壳式换热器拆除,改为仍由原换热器制造厂家生产的两台板式换热器,每台容量为3.2MW。整改后室内温度提高,居民满意。室外温度约为 -5℃时,整改前后的运行参数对比如表4-1所示。

整改前后运行参数对比 表4-1

运行参数	一次网进出口温度(℃)	一次网进出口压力(MPa)	二次网进出口温度(℃)	二次网进出口压力(MPa)
整改前	117/64.8	0.73/0.72	53.4/46.2	0.48/0.33
整改后	118.5/63.7	0.73/0.66	74.5/60.3	0.41/0.27

有人认为这是"由于光管管壳式换热器传热效率低,板式换热器的传热效率高,更换了换热器的形式,供热量增加,是室内温度提高的原因。"

实际上并非如此,改前三台换热器的总容量为 $3 \times 1.6 = 4.8MW$,而改后两台换热器的总容量为 $2 \times 3.2 = 6.4MW$,总容量增加了。管壳式换热器与板式换热器的传热效率不同,计算所需传热面积和容量时,所取的传热系数 K 值也不相同。也就是说两种类型换热器传热效率不同的因素,在进行换热器的热计算时已经考虑。

估计供热站设计时，采用的供热热指标约为 $60W/m^2$，按当时当地建筑物结构一般认为合理。按改后推算其指标约为 $80W/m^2$，略偏高。此供热站当时没装热量或流量计；换热器及热用户都未进行过测试；原来装设的三台管壳式换热器拆除，其热指标偏高的确切原因难以确定。但从资料分析，以下两种原因是可能存在的：

（1）该供热单位原有换热站 35 座，上述的换热站为其中一座，有资料说明该供热单位一次网的地下埋管多处出现破损，某次检查有 36 处泄漏，处理完 7 处中又有 3 处重新泄漏。一次网沿线阀井、补偿器井、放水（汽）井内的管线穿墙密封橡胶圈密封不严，井壁存在渗漏现象，有 11 处阀井在试运行过程中出现冒蒸汽现象。因此，热网的泄漏可能是造成热指标偏高的原因之一。

（2）设计供回水温差，一次网为 70℃；二次网为 25℃。从表 4-1 看出，实际运行供回水温差，改前：一次网为 52.2℃；二次网为 7.2℃。改后：一次网为 54.8℃；二次网为 14.2℃ 都远未达到设计温差，换热器的出力远低于额定容量，并可能是在大流量小温差的低效率下运行。

运行一个采暖期后，发现若进换热器的供水温度超过 120℃，则回水温度就会超过 65℃。而回水管网的保温按不超过 65℃ 设计。为保证回水不超过 65℃，决定原设计一次网供、回水温度为：135℃/65℃，改为按 120℃/65℃ 运行。做这个改变后，两台板式换热器原供热量又不够，用户室温下降，于是又增加其他厂家生产的一台 1.875MW 的板式换热器，满足了室内温度的要求，此时供热站供热面积已增加为 $8.39 \times 10^4 m^2$。

换热器均为纯逆流，二次网供、回水温度不变都为 87℃/62℃，若一次网供、回水温度为 135℃/65℃，其对数平均温差为 16.23℃；若一次网供、回水温度改为 120℃/65℃，则其对数平均温差为 12.51℃，下降 22.92%。供热面积由 $7.89 \times 10^4 m^2$ 增至 $8.39 \times 10^4 m^2$，应增加供热量 6.34%。合计应增加（22.92 + 6.34）% = 29.26% 即应增加供热量为 $6.4 \times 29.26\% = 1.873 MW$。现新增加的一台板式换热器的供热量为 1.875MW，与推算吻合。

虽然对厂家生产的换热器性能未进行测试，但从以上的分析可以看出，造成供热量欠缺的原因主要在于：（1）外网漏损严重；当第三台板式换热器建成投运后，从此供热站某日运行记录中得到数据，循环水流量为：78293L/h；补水量为 272t/d。按数据计算，补水率约为 14.5%。（2）供水温度由 135℃ 改为 120℃，供热量的降低。因此应该首先解决外管网系统存在的问题，可能换热站的问题，也随之迎刃而解。单纯以增加换热器受热面的办法，虽然可以解决供热量的问题，很可能在经济上很不利。

【例 56】 再从供热单位另一换热站的实例也可以说明这个问题：此换热站由于一次网回水始终高于 65℃。则在原换热器上叠加了一个换热器，两个换热器串联，使回水温度 ≤65℃。换热器叠加后，总受热面增加很多，运行时必须将一次网阀门关闭约 1/10 进行节流。

4.2 供热站运行调节的故障

4.2.1 循环水泵超负荷运行的故障

【例 57】 某一热电厂供热系统，供热面积 $3000 \times 10^4 m^2$，采用 4 台循环水泵并联运行。运行实践说明 4 台循环水泵并联运行，系统的循环水量过大。后改为 3 台泵并联运行，实施结果，水泵的电机电流过载，电机发热险些被烧毁。热电厂认为是水泵质量存在问题。

经分析研究认为这种现象的产生,是由于系统的管网阻力过大,特别在多泵并联运行情况下,并联台数越少,单台泵的工作点越向工作曲线的右侧偏移,超载的危险性愈大。按泵的工作原理来分析,可以很清楚地了解其原因,这与水泵质量无关。

根据分析的结果,改变了运行方式:先关小并联循环水泵的出入口阀门,然后将 4 台泵并联改为 3 台泵并联。观察单台泵电机的电流读数,逐渐开大各台循环水泵的出入口阀门,同时监查每台泵的电机的电流,直到电流达到理想数值为止。这样操作可实现水泵供水的要求,又避免电机超载,但电力消耗偏高。

4.2.2 首站循环水泵蝶阀调节的故障

【例58】某热电厂的供热首站其循环水泵用蝶阀调节,始终不稳定;并且阀门关闭不严。其循环水泵出口端阀门安装如图 4-2(a) 所示。

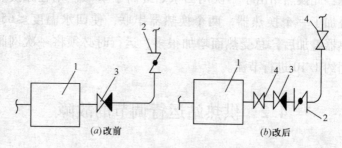

图 4-2 循环水泵出口管道上阀门安装
1—循环水泵;2—蝶阀;3—止回阀;4—截止阀

经研究流量不稳定,是由于蝶阀入口端距弯头太近,水流经弯头时发生扰动的影响;蝶阀不易关严是较普遍的现象,这与加工工艺也有关。按此分析,在循环水泵至出口端立管距离不变的情况下,将蝶阀从立管上改装在水平管道上,使弯头在蝶阀出口端。并在泵出口的水平管上和蝶阀出口端的立管上各加装一个截止阀,如图 4-2(b)所示,泵运行时两个截止阀全开,泵停运时两个截止阀全关。阀门改装后运行正常,调节稳定。

4.2.3 首站调节换热器蒸汽流量发生噪声

【例59】 某热力公司的首站,设置了 $\phi 1600$,高(上、下端接管法兰间距)5586mm 的波节管立式汽-水换热器,蒸汽压力 0.45MPa,300℃温度。投入运行后,甲方反映噪声严重(两人对面讲话都难以听清)。

现场观察,噪声确实严重。当时首站开始投入运行,负荷很低,仅为设计流量的 1/8 左右,因此用换热器进口前蒸汽管道上的闸阀调节蒸汽流量,将阀门关得很小。而噪音不是来自换热器,而是来自节流的闸阀。

一般阀门按其理想流量特性可以分为三类,如图 4-3 所示。图中 1 为线性特性曲线,即阀门的开度与调节的流量呈直线关系;2 为对数(或抛物线)特性曲线,即阀门开度与调节的流量呈对数(或抛物线)关系。实际上对数特性和抛物线的特性是有区别的,故也有资料将对数特性曲线的阀门和抛物线特性曲线的阀门分为两类的。供热系统中阀都是与管道或设备串联,很少见到抛物线流量特性,而对数流量特性又称为"等百分比"特性;图中 3 为快开特性曲线。

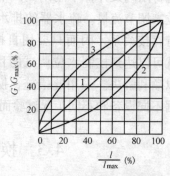

图 4-3 阀门的理想流量特性
1—线性特性曲线;
2—对数或抛物线特性曲线;
3—快开特性曲线

供热系统的调节，要求低负荷时，将阀门开度关小相对流量变化也小；负荷增大时，将阀门开度加大，相对流量变化也大，而易于调节。等百分比性能的阀门与供热系统调节的要求最为吻合。线性性能的阀门，其调节的基本规律也类似，但不如等百分比性能的阀门那么灵敏。而快开性阀门其调节规律则恰相反，在开度较小时流量变化很大，随着开度的增大，流量很快就达到最大值，因此称为快开特性。而闸阀、截止阀都是快开特性的阀门，它们只能作关断用（或称开-断双位调节用），不应作为"调节阀"用。而只有等百分比（含抛物线）性能和线性性能的阀才作为调节阀用，前者的调节性能优于后者。

此实例的根本问题是不应以闸阀作为调节阀用，而且要调节至很小的负荷，不仅难以调节，并且工作极不稳定，造成噪声很大。

开始有在闸阀后增设调节阀，或以调节阀代替闸阀（调节阀也可以起关闭作用）的设想，这样工作稳定，不仅解决了调节的问题，噪声必定会显著下降。但是，若调至很小负荷时（如1/8或以下）是否噪声不再超标把握不大。最后采用了运行时将闸阀大开，不用闸阀调节，而采用调节立式换热器下部水位来调节流量。疏水器的排水压力大小与换热器下部水位调试有直接关系，因而只要用自控装置来控制疏水器的排水压力，就可以达到控制水位调试的目的。采用这种方法，噪声问题得以顺利解决。采用此措施，换热器中水位保持多高为好，则根据不同设备和不同工况试验而定。

4.3 换热器的故障

4.3.1 板式换热器的堵塞与受热

板式换热器的传热系数比管壳式换热器大，但板式换热器除压降较大外，对水质要求较严，若水中悬浮杂质或沉淀物质较多时易于堵塞。

【例60】 某居民区新建两个换热站，其换热器都是订购北欧国家生产的板式换热器。由于热网竣工时系统冲洗不彻底，投入运行几天后，所有的换热器都严重堵塞，而被迫停运拆开清洗。

【例61】 某居民点有四个供热站，均采用板式水-水换热器。其1号及2号供热站，二次网补水采用钠离子交换软化。两个供热站建成后，运行情况良好。但感到钠离子交换器要用食盐还原；还要设专人化验水质和操作运行，并要投入药品，费用较多。故在建立3号及4号供热站时，仍采用水-水板式换热器，但拟不采用钠离子交换器软化，而改为在系统中加阻垢缓蚀剂，防垢同时防腐。

为了实施这个方案，停止供热，停炉保养时，在1号供热站的设备及管道中加入阻垢缓蚀剂进行试验，并在设备及管道中挂片进行防腐试验。一个保养期完毕后，放水检查，效果良好，特别是防腐效果显著。于是确定3号及4号供热站的设计取消钠离子交换器，采用加药阻垢防腐的方案。

3号及4号供热站投运后，逐渐发现管道的除污器不太通畅，板式换热器阻力增加。停炉检查发现热网在热运行时和冷保养时阻垢的情况有所不同，热运行中垢为泥状沉淀物粘在换热器流道及管道中，有些还存留在排污器中。停止供热时不仅要清洗除污器及管道，还要将板式换热器拆开清洗，造成工作量较大，而且拆装损坏换热器板间的垫片较多。最后在加阻垢缓蚀剂的二次网系统中又增加了一套效果较好的过滤装置，才解决了这个问题。

板式换热器用于水-水换热时，除了要注意水质外，还要注意防止汽温过高而损坏换热器板间的垫片，造成内部窜水而发生故障，这种故障也较常见。因此，一般都不主张首站采用板式换热器。

4.3.2 管壳式换热器的流体诱发振动破坏

某供热站【例62】原设置4台立式换热器，其构造及尺寸如图4-4所示。为单壳程，双管程，分为上壳体及下壳体；管子为 $\phi 19 \times 1.2$ 的直铜管。壳内设4个折流板。

1号换热器投运不到一个采暖期就开始发现有管子泄漏。以后又继续发现有管子泄漏。由于管子太长，泄漏后无法抽管检修更换，只得将两头堵死。以后2号及3号换热器陆续投运后，情况完全相同，4号换热器投入不久，尚未发现有管子泄漏。

在最后一个采暖期前检修时，曾将不同换热器中的管子抽出几根观察，发现破坏的部位非常规律，不仅管子在壳内的位置相同，而且每根管子破口在管子上的位置也完全相同，都在如图4-4中所示的位置 A。

这个事例是典型的流体诱发振动破坏。

管壳式换热器在运行过程中都会或多或少的有些振动。振动的振源，可能是传播的动力机械

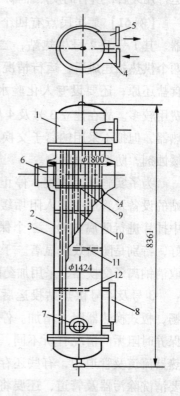

图4-4 立式光管换热器
1—上壳体；2—下壳体；
3—$\phi 19 \times 1.2$ 的铜管；4—热网进水口；
5—热网出水口；6—蒸汽进口；
7—凝结水出口；8—水位表；
9—第一段折流板；10—第二段折流板；
11—第三段折流板；12—第四段折流板

138

的振动，也可能是由于换热介质流动而引起的振动，凡是由于流体流动而引起的振动，就称为流体诱发振动。

管壳式换热器的外壳、折流板、拉杆等部件的刚性很大，不容易产生振动，而换热管是换热器中挠性最大的部件，而且对振动也最敏感，因此振动的破坏发生在换热管。

设计完善、运行正常的换热器，流体诱发振动微小不致于损坏。现在换热管破裂，必然是在设计和运行上存在问题。换热器内的振动主要是由壳侧流体的流动引起的，管侧流体的流动而引起的振动较小，故应从壳侧流体来寻找原因。

壳体内换热管的两端固定在管板上，中间设四个折流板，管子穿过折流板，每个折流板穿过换热管的部位都成为管子轴向的支撑点，因此，大部分管子在两端管板之间都有四个支撑点；惟有在折流板 11 缺口处布置的那些管子只有三个支撑点；在折流板 9 缺口处布置的那管子只有一个支撑点。两端管板之间支撑点越少，支撑点间的管长越长，振动的振幅越大。图中 A 处管段只有一个支撑点，支撑点与上部管板之间的管长最长，管子振动的振幅最大。这些管子又距蒸汽入口很近，受蒸汽的冲击很严重，生成相邻管子互相撞击和管子与折流板撞击。折流板的材质是较硬的碳钢，而管子的材质是较软的铜，因此管子的破口都发生在图中所示 A 处。

从以上分析不难看出，造成流体诱发振动破坏的原因，主要是设计上折流板的放置不合理，造成流体与管束的剧烈碰撞磨擦产生振动是主要因素。

避免流体诱发振动破坏的基本途径是改善换热器的结构。最常采用的方法是：

（1）降低壳程流量，如果壳程流量不能改变，也可用增加管子中心距的办法来降低流速。但是这个措施的采用要十分谨慎，因为增加管子的中心距将会使换热器外壳的直径增大，而提高造价。流速的降低，会降低传热效果。

(2) 减小管束跨距，增厚支撑管子的折流板厚度；或增加管束的刚度，来增加管子的固有频率。

为防止 U 形弯管区的振动，也有在管子之间绕以带条，或插入杆板（如图 4-5 所示），以阻止管子振动。

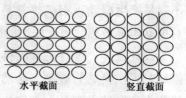

图 4-5 扁平支撑杆防振结构

(3) 改变管子的布置方式：如在折流板缺口处不布置管子；将顺排管子改为错排管子等等。

(4) 增大进、出口接管尺寸，或在蒸汽进口处扩大换热器壳体直径，以降低流体速度。

(5) 在壳程蒸汽入口处装防冲板或分流器，避免入口处的管子受到冲击而被激振。

(6) 用折流带代替折流板，以提高系统的固有频率。

这些措施在制造厂设计时，就应综合考虑并进行优化。在发生事故后进行改善时，则应根据存在问题，有针对性地选用，尽量使改造工艺简单，资金投入少。上述的改善措施都必须在较长的停运时间内进行，最好由换热器的制造厂家来进行改造。一旦正在运转的换热器发现有振动时，首先应当判断振动是由哪种外振源传给换热器的。如果确认是由于流动诱发而引起的，不论什么原因，都要短时间停运，先暂时把泄漏的管子从两端打入塞子而堵住，然后降低供热量和壳侧流速维持运行，制止振动。若 U 形弯管区振动显著，也可在管子间绕以带条或楔入杆、板。待采暖期后再进行结构的改造。

本例所述供热站的换热器，每个采暖期都产生新泄漏的管子，都及时堵死。由于此供热站要增容，决定增容时将原有的 4 台换热器都全部拆除更新，因此，不再考虑原有换热器的修理与改善。

4.3.3 波节管换热器的流体诱发振动破坏

波节管换热器（又称波纹管换热器）是我国特有的管壳式换热器，由于采用波节管使管内、外介质湍流，破坏了边界层而提高传热系数，其传热效果比光管的管壳式换热器高得多；湍流冲刷，减少或避免结垢，对水质要求可以降低。因而在供热系统中是常被采用的一种换热器，特别在汽-水换热的系统中更常被采用。但是这种换热器，其折流板上的孔径必须略大于波节的最大外径，否则组装时波节管无法通过。组装时不能保证波节管的最大外径恰巧都在折流板的孔内，这不仅可能使管子与折流板间孔隙过大，而且还可能使折流板不能成为波节管的支撑点，使管束的跨距增大，对产生流体诱发振动不利。

【例63】 某供热站采用的一台波节管汽水换热器，使用不到一个采暖期就出现严重内漏，而不得不进行更换。将这台换热器运回制造厂进行解体，发现多根波节管破裂。检查中发现，不是所有波节管的波峰都在折流板的位置，而是有些管子的折流板位于波谷上，如图4-6所示。在这些部位管子与折流板管孔之间的间隙很大，折流板对管子起不到支撑作用，大大增加了这些管子的无支撑距，而形成流动诱发振动破裂。

使用单位与制造厂家共同研讨，提出改弓形折流板为折流杆折流的方案。其具体的措施是：取消了折流板，设置一些折

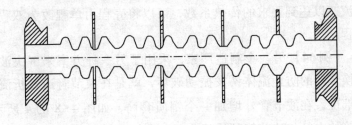

图4-6 折流板的支撑情况

流圈,将一定数量的折流杆焊接在折流圈上,而每根折流杆都安装于波节管的波谷位置,如图4-7所示。每个折流圈上仅在一个方向上焊一组折流杆,在这个方向上支撑一组排管。每4个折流圈上各焊有不同方向的折流板,就可以从4个方向支撑一组排管,而杜绝了振动的诱导因素。取消折流板改为折流杆后,使壳程流体的流动方向由横向流动变成轴向流动。

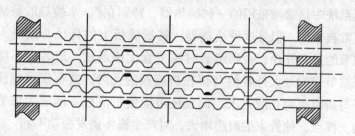

图4-7 折流板的结构

改造后不仅可以有效地防止波节管的振动破坏,提高了波节管换热器的使用寿命,而且壳程流体为轴向流动后,不存在传热死角;流体依次通过波节管的波峰和波谷,使流体能形成充分湍流。这都有利于提高传热效果,并且压降显著降低。

但是,这种结构要求波节管的波节距要基本相同,并且安装时每根波节管的波峰和波谷必须纵向对齐。改成折流杆后,壳程流体的流速一般要比采用弓形折流板时小。为了保证壳程的流速以达到要求的传热系数,可以将壳程由单程改为双程或多程。

【例64】另一个制造厂家,采用了另一种方案来解决波节管换热器的防止流体诱发振动破坏,就是在波节管通过折流板的部位,在波节管外增加一个铜质套筒,如图4-8的4所示。短管的内径与波节管的波峰直径相近,短管的外径与折流板的孔径相近,短管的长度比波节管波节的节距要略长一点。波节管安装之前,在每根波节管穿过折流板管孔的部位,先套好铜质短管。组装时能使折流板的管孔都与短管的外径接触,保证了应有的间隙和对波节管的支撑作用。这就避免了若折流板的位置落在波节管波谷时,间歇过大而不起支撑作用的弊病。

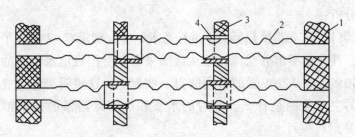

图 4-8 加短管措施示意图
1—端板;2—波节管;3—折流板;4—铜短管

实践证明,增加铜质短管的措施,能有良好的防止波节和换热器的振动破坏的作用,而且在钢质折流板与不锈钢波节管之间增加了材质较软的铜管,可以起到缓冲撞击或磨损的作用。

4.3.4 首站换热器的磨损及腐蚀

【例 65】某热力公司的热电厂,首站中装有三台换热器,其 3 号换热器为新换的立式波节管汽水换热器,其构造如图 4-9 所示,为单壳程双管程。壳体内两端管板间布有 8 根拉杆,382 根 $\phi 25$ 的不锈钢的波节管,其材质为 316L。设有三个折流板。蒸汽进口处装有防冲击的挡板。壳体外径为 $\phi 900mm$,换热器外形高约为 4.4m。

此换热器安装竣工后有三个月未投入运行。投入运行后不到两个月就开始发现有个别管子泄漏,并陆续发展。第二个采暖期后,不得不停止使用。

热力公司认为是换热器的材质和制造的质量有问题;而制

造厂家则认为主要原因是水质,该热电厂的热网水全部为生水,未做任何软化、除氧等水处理,并且生水的氯化物(Cl⁻)含量很高。

为了搞清事故的原因,双方共同并邀请外单位专家进行事故分析:

(1) 首先将换热器卸下进行通水试验,确定有 47 根管子泄漏,其分布不十分规律,但从截面来看,沿挡板出水两侧的管子较多。并从换热器的管内取得一些泥垢,这说明无论造成事故的主要原因是什么,今后的水质和热网除污器的效果都应改善。

(2) 然后抽出 8 根管子进行观察:发现有两根管子似乎有撞击的痕迹,但并没有对管子有明显损坏;泄漏部位都在上管板与第一折流板(图中标号 8)之间的管段;这个管段支撑点间管长很短,而且波节管的折流板处都加了铜质套管(详见 4.3.3 第【例 64】),从抽出的管子查看,这些套管位置固定良好,从这些现象可以排除了流体诱发振动破坏。

发现泄漏主要是管外磨损,有机械磨损痕迹,泄漏处呈细小裂纹状。也有个别管子是管内腐蚀,泄漏处呈孔状。

管材成分确为 316L 不锈钢;管子外壁观察未发现机械损伤。

(3) 最后全部解体检查,发现规律较为明显:管外磨损引起的泄漏是由于管外金属丝磨损,痕迹清晰,泄漏部位非常规律,都在蒸汽经挡板后,汽流进入管束的上、下两侧的管段上,如图 4-9 中 A 点所示。这个部位汽流速度最大,冲刷最利害。很硬的金属丝随汽流流动,对管壁的磨擦也最严重。在经冲洗后换热器内的遗留物中,就有不少这种金属丝。这些金属丝来自换热器蒸汽进口管上法兰间的夹垫物。从拆开的法兰处,可见到这种夹垫物被蒸汽冲毁的情况,金属丝外露。

有些管子的管内腐蚀都是点状腐蚀，也十分规律，腐蚀点都在距上管板约 10cm 左右（如图 4-9 所示）。分析其原因，可能是由于换热器安装后近三个月，虽未投入运行，但管内注满未经任何处理的热网水，日久水位下降，腐蚀点在水面附近，由于水质及含氧的逸出，最容易发生电化学腐蚀。

此外未发现管子其他部位磨损或腐蚀泄漏点。管板、折流板及焊缝的检查都未发现问题。

建议热力公司对热网水质进行处理；避免再发生法兰间夹垫物损坏而使金属丝进入换热器的现象。虽然这个事故不在于换热器的用材及设计制造，制造厂家也从此事件中取得有益的经验，那就是今后制造汽水换热器时，可将进汽口的接管直径适当加大，或将蒸汽进口处壳体局部适当放大，以降低蒸汽流速。

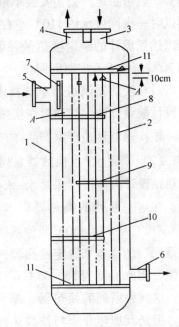

图 4-9　3 号换热器构造
1—壳体；2—波节管；3—热网进水口；
4—热网出水口；5—蒸汽进口；
6—凝结水出口；7—挡板；
8—第一段折流板；9—第二段折流板；
10—第三段折流板；11—管板；
A—管子泄漏部位

4.3.5　换热器二次网出水温度过低

【例 66】某居民区有很多供热站，这些供热站的热源为同一个锅炉房，锅炉内设 4 台 DZL29-1.25/120/AⅡ热水锅炉。二次网设计为 85℃/60℃。其第×小区换热站采用某公司生产的波节管水-水换热器。换热器竣工验收时二次网供水始终达不到70℃。后由房地产公司安装单位及设计人共同进行调试与测定,测试时一次网供水约110℃左右,测试结果看出换热器的换热量可以达到设计的额定换热量并可略高,但二次网供水始终调不到70℃。分析不出原因何在。

后与换热器制造厂家的技术人员共同探讨,发现问题出现在设计院设计此供热站时在换热器的造型上发生错误。

该换热器制造厂家产品样有三种系列:(1)汽-水换热器系列;(2)采暖水-水换热器系列;(3)空调水-水换热器系列。换热站设计人应按"采暖水-水换热器系列"的样本来选用换热器。在这一系列的换热器样本中"被加热侧"供回水温度有95℃/70℃及85℃/60℃两种系列。而换热站设计人从"空调水-水系列"的样本来选定换热器,这一系列的换热器是按"被加热侧"出水温度为55～65℃设计的,此温度不得超出65℃。

这两种系列的换热器,都为单壳程、双管程的波节管换热器,但是其加热介质与被加热介质设计的流动方式不同。采暖系列换热器采用的流动方向,如图4-10(a)所示。即冷、热介质第一管程为顺流(图中曲线以$t^{(I)}$表示);第二管程采用逆流(图中曲线以$t^{(II)}$表示)。被加热介质的出口温度t_2,较接近加

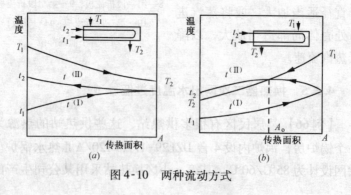

图4-10 两种流动方式

热介质的进口温度 T_1，并可能高于 T_2。

空调系列换热器采用如图 4-10（b）所示的另一种流动方式：冷热介质第一管程采用逆流；第二管程采用顺流。这种流动方式，先逆流后顺流，则当被加热介质的温度高于加热介质时（图 b 的 $t^{(\text{Ⅱ})}$ 曲线 $A<A_0$ 区段）则产生"温度交义现象"，使有效平均温差降低，限制了 t_2 的提高，由于温度交义现象的存在，被加热介质出口温度 t_2 很难提高。

换热站中的设备及管道都已装好，故采用换热器不动，而改变管道，将换热器的进出口对换，这样虽然对换热器的功能会有些影响，但影响不大。更改后二次风供水温度得以提高。

4.4 散热器的选用及腐蚀

4.4.1 散热器的散热面积与散热量

【例 67】某小区已建成五栋住宅楼，层高为六层，总供热面积约 13000m²，由物业管理的热水锅炉房供热，锅炉房内设置热水锅炉一台，其热负荷率约 50%，已供热两个采暖期。楼房每层有东户、中户及西户三户，室内安装"灰铸铁四柱 760 型"散热器。两个采暖期供热情况正常。

后来又建成 6 号及 7 号两栋楼房，每栋楼房的建筑、结构、供热管道及散热器的型号及每房的散热面积都按原图纸施工，与已建成的 1 号至 5 号楼完全相同，暖气安装前，由于散热器采购未能购入"灰铸铁四柱 760 型"散热器，而改为"辐射对流 700 型"散热器，但每个房间安装散热器的散热面积仍与 1 号至 5 号楼原设计完全相同或十分接近。

第三个采暖期，1 号至 5 号楼供热仍正常，但新建的 6 号及 7 号楼普遍室内温度都达不到采暖的要求。6 号及 7 号楼供热后，锅炉负荷率仅达约70%；供6号及7号楼的外网及楼内管线布置都相同，也未发现施工方面存在问题；散热器形式虽然更换，但安装的散热面积基本相同，为什么6号及7号楼室内温度会普遍低呢？

经研究发现两种不同形式的散热器其外形尺寸及热工参数都不一样，如表4-2所示。每片辐射对流散热器的散热面积比四柱型的大得多，约为其175%；但每片的散热量比四柱型的小，约为其95.5%。这是由于都在$\Delta T=64.5℃$时，两种散热器的传热系数K相差较大：四柱760型散热器，哈尔滨建工学院测定$K=8.49(W/(m^2 \cdot ℃))$；而辐射对流700型散热器，按样本数据计算$K=4.6(W/(m^2 \cdot ℃))$。

两种散热片的尺寸及热工参数　　　　表4-2

散热片型号	外形尺寸 高×宽×长（mm）	散热面积 （m²/片）	散热量（W/片） （热媒为热水，$\Delta T=64.5℃$）
辐射对流700	780×100×64	0.412	122.3
灰铸铁四柱760	760×143×60	0.235	128.0

很显然，每安装$0.1m^2$的散热面积的四柱型散热片，可提供约550W的散热量；但每安装$0.1m^2$散热面积的辐射对流散热片却只可提供300W的散热量，供热量降低45%以上。按相同散热面积来更换散热片是造成室温降低的主要原因。按1号至5号楼原设计的散热器散热量对6号及7号楼所装的散热片予以增加后，6号及7号楼供热都达到了供热室内温度的要求。

4.4.2　散热器的材质与腐蚀

国内生产的散热器材质和造型种类十分繁多。材质有铸铁、钢制、铜铝复合材料等。早期使用的铸铁散热器金属热强度

(指：单位重量1kg，在1℃温差下散热量为多少W）很低，因而钢制、铜铝复合材料最近还有采用不锈钢等制造的新型高性能散热器得以发展。这些新型产品普遍存在的问题是易产生腐蚀，因此现今铸铁散热器仍有其一定的市场。

各生产厂家对散热器防腐蚀方面做了不少工作；归纳可以分为两个方面：(1) 生产防腐型散热器，对散热器内腔做防腐处理；将内腔涂一层有机环氧类涂料；将内腔镀一层耐蚀的锌—铬涂层等无机涂料；或将内腔喷塑或搪瓷等。(2) 生产耐腐蚀型散热器：制成以铜管为水道，配以铝质型材或翼片等的铜铝复合型散热器；或以用耐腐蚀铝硅合金制成散热器等。这些措施都是引自国外，国外的散热器能保证15年以上甚至30~50年不腐蚀。

可是在我国，国内生产的钢制散热器、铜铝复合材料的散热器或经内腔防腐处理的散热器，一般都达不到这么长的寿命，不少经4~5年甚至1~2年就被腐蚀不能使用。其原因有两种说法：(1) 认为是由于国外采暖系统一般是闭式，而我国是非闭式系统，不断地放水和补水，使管道中的水含氧量增加。而国外对水质要求较高，我国对热网水质，特别是二次网的水质无明确要求，较多单位是既不软化，又不除氧。总之认为水质是造成散热器腐蚀的原因。(2) 认为是由于内防腐工艺复杂，要求严格，国内工艺条件与国外不同，内防腐质量很难保证。在材质的选用上也值得探讨，特别是铝材的采用。

这两种说法并不矛盾，都反映了一定的客观情况。但在散热器研制上却有分歧：一种意见认为应从热网的水质改善着手；另一种意见认为应着手于如何改进散热器的制造工艺，使产品能适应水质。较多人士认为这两方面都需努力。关于水质方面的问题，将于第五章第5.5节进行研讨。

4.5 热、流量计的故障

4.5.1 热、流量计安装未能满足直线管段长度的要求

现在供热系统中，除分户计量热量计有使用机械式仪表外，常用的流量计为（1）在管内加节流孔板，取得差压信号的孔板流量计；（2）在管内加插入物取得频率脉冲信号的涡街流量计；（3）在管外包覆励磁装置，取得电压信号的电磁流量计；（4）在管外装振荡器取得传播速度信号的超声波流量计；（5）管内、外不装任何插入物或装置，仅在弯头内、外两侧取得差压信号的弯管流量计等。这些流量计经过不同的传感器，将信号变为电流，电压或其他信号输入二次仪表，显示或累计出流量的数值。若这些流量计与温度测量传感器的信号都输入积分计算仪就显示或累计出热量的数值而成为热量计。

不同形式的流量计有其不同的特点：对可测介质的种类、温度及压力的范围；对温度及大气压力等环境条件的要求和对电源的要求；对容量测量范围、基本误差、保护及防爆等级，以及注意防止的问题等都不相同。这些要求和条件在产品说明中都详载，在选择和使用中很少发生错误。

此外各种流量计对安装上也有不同的要求。这些要求虽然在说明书中有详细的说明，但却往往被忽视。特别是设计和安装时直线管段的要求发生错误的现象十分普遍。

【例68】 某供热中心有很多换热站，原来都未装流量计，后来有些换热站补装了流量计，普遍反映流量测量不准。抽查了其中3个换热站，问题都发生在直线段不够长。

【例69】 某示范小区的换热站热量计未购入时先将建筑物建成，最后购入流量计后，安装要求的直线段太长，无法安装，

后改装为直线段要求较短的弯管流量计（弯管流量计对直线段的要求见以下的阐述）。

所有流量的测量都是按管内流体的流速分布以充分发展的紊流速度分布为前提的。当管路内有支管、弯管或装有阀门扩大管、收缩管时，管内流体的流动变成非轴对称的流动，流量的测量就有产生很大误差的可能性。流量计的原理和构造不同，管路内是否有支管、弯头，是否装有阀门，扩大管或收缩管情况不相同，要求直线管段的长度也不相同。前述孔板、涡街、电磁和超声波四种流量计，其直线段的要求相类似，流量计前的管段常称为"上游"，流量计敏感元件后的管段常称为"下游"。要求直线管段的总长为："上游直线管段长 + 敏感元件长 + 下游直线管段长"。直线管段要求的长度又以管径 D 的倍数表示。如"前 $10D$"表示上游直线管段为管径的 10 倍。而"后 $5D$"表示下游直线管段为管径的 5 倍。

上述四种流量计，一般最短要求"前 $10D$"和"后 $5D$"，即直管长度要求为管径的 15 倍，上游直管长度一般为：

有支管	$16D \sim 40D$
有弯头	$20D \sim 40D$
有阀门	$26D \sim 40D$
有收缩管	$20D \sim 30D$
有扩大管	$35D \sim 40D$

若管内装有整流器，上游直管长度比上述要求小一些。下游直管长度一般都要求 $5D$，个别有要求 $6D \sim 10D$ 的。具体的直管长度应按产品说明书的规定来确定。

弯管流量计要求前、后直管长度很小，只要求前 $5D$ 后 $2D$，是其独特的优点。这是由于弯管流量计管内、外无任何插入物或装置，其弯头内外侧的压差是由流体在管道中自然流动，沿主流动方向经弯管时受管壁作用强制改变流向的"一次旋流"

而产生的。除"一次旋流"外,还产生轴线切向的"二次环流"。"二次环流"对主流动的影响很小,可以忽略。

此外,弯管流量计的上游直管段和下游直管段不在一个平面上,因此考虑安装尺寸的总直管长度时,只考虑"前5D"即可,而"后2D"已弯至另一平面。

很多原设计装流量计直线长度不够的场合,常改为装成弯管流量计。

【例70】某市热电公司,2002年以前先后有6个锅炉房在其热水锅炉出水管上都设计为装涡街、超声波或电磁流量计,但直管长度都不够,而改成弯管流量计。2003年以后,该公司其他锅炉房新建的锅炉都要求设计为装弯管流量计。

4.5.2 压差式流量计引压管的故障

压差式流量计都有引压管,将节流两侧或弯管内、外侧的压力由水传送至压力传感器。两根引压管内的液位高度或密度要相等,否则由于液位的压差会干扰测量流量的压差值,一般在蒸汽流量计中最易发生。

有些锅炉房或供热站,在两根引压管内液位不同或水温差别很显著的情况下就调节零点。由于零点不正确,造成流量指示的误差。

【例71】如某热电厂供汽总管在室外地沟中装了弯管及其引压管,为了防冻在供汽管保温时,将两根引压管都包在保温层内,由于引压管内温度过高蒸汽不凝结或两根引压管内汽的凝结情况不同,造成流量计指示不稳定。发现后将引压管另行单独保温防冻,流量计运行正常。引压管防冻保温,现常用电保温。

【例72】又如另一热电厂在靠近$\phi600$供汽管端的弯头上装了弯管流量计的引压管。其中一根引压的细管,有一小段距$\phi600$管外壁太近,空隙较小,$\phi600$管保温施工困难,就将这根引压管的这一小管段包扎在保温层内,也造成流量计工作不正常。多方检查才发现,重新保温,将这根引压管从保温层内隔离后,流量计工作立即正常。

4.5.3 热量表热量计算基础的差异

【例73】 某房地产开发公司,新建一个住宅小区,准备采用供热分户热计量。为了确定国内三个生产厂家生产的热量表谁最准确,在一个供热系统的供水管上分别安装了这三家的热量表,同时又安装了一台北欧进口认为精度较高的热量表进行对比试验。试验进行一段时间后,一个奇怪的现象,就是三家国产的热量表的读数都与北欧进口的热量表有较大的差别,而三个国产热量表读数反较相近。我国热量表的性能也完全按照欧洲标准和国际计量组织的75号建议研制的,为什么会出现这一个现象?

阅读有关文件和进行咨询后才明白,我国生产的热量表虽然与欧洲的标准完全一致,但在热量积分计算仪的计算方式上与欧洲生产的热量表不同。热量值计算的基本方式有"焓差法"及"K系数法两种"。

焓差法是水在热交换系统中释放或吸收的热量按照焓差计算。其基本公式为:

$$Q = \int_{\tau_1}^{\tau_2} q_m \Delta h \mathrm{d}\tau$$

$$= \int_{\tau_1}^{\tau_2} \rho q_v \Delta h \mathrm{d}\tau$$

式中 Q——供热流体经过换热回路的放热量;

q_m——供热流体流过热量表的质量流量;

q_v——供热流体流过热量表的体积流量;

ρ——流体的密度;

Δh——供热流体在换热回路中对应于进、出口温度的焓差;

τ——时间。

热量计算的另一种方式是 K 系数法,采用体积流量,其方程如下:

$$Q = \int_{v_1}^{v_2} K \Delta T \mathrm{d}v$$

式中　v——体积;

ΔT——热流体进、出口温差,即 $T_1 - T_2$。

K 系数法是由焓差法演变而来的,两种方法在本质上是一致的,其误差也是一致的。只不过焓差法是根据流体温度确定焓值和密度,最终求得的热量。当换热回路无失水现象时,参与计算的流量值,无论是取自供水管或是回水管,都是相同的。按焓差法计算的热量表,可以装在换热回路的供水管上,也可以装在回水管上,但有失水现象时两者流量不同,计算得的热量也不相同。我国热量表的行业标准(GJ 128—2000)规定采用焓差法计算热量。所以热量表可装在供水管,也可装在回水管上。为了避免人为失水的影响,常装于供水系统。

而 K 系数法是根据温度,事先确定将流体焓值和密度合在一起的 K 值输入热量计算积分仪进行热量的计算。K 值的取值在进水和回水上是不同的,必须规定装在进水管道还是回水管道上,不能改换。欧洲的热量表都规定要安装在回水管道上,因此,人为失水而丢失的热量未能计入。

试验中将所有的热量表都装在供水管上,欧洲热量表的 K 系数补偿值都是用于装在回水管道上的热量表,而不是用于装在供水管道上的热量表。不论换热回路中有无失水现象,其计算的热量数值都不正确。只有把表都装在回水管道上才有可比性。

第五章 管道故障及供热系统设备选材与水质问题

5.1 管道的泄漏与腐蚀

5.1.1 管道系统泄漏事故

【例74】 某学院 $3\times10^5 m^2$ 供热面积,热水锅炉供热。20世纪90年代初冬季运行期间,运行人员发现循环水泵的扬程减小,电机的电流增大;补水量突然增加,软化水量不能满足要求,而不得不采用部分自来水补水。这些现象很容易判断为系统泄漏。

但是管线泄漏部位的查找十分困难,维修人员对室外管线进行多次检查,都不能确定泄漏的部位。该管网分为两大分支,最后采用超声波流量计对两大分支管网,分别进行供、回水流量的测试,检查其供、回水量的差值。结果发现其中一个分支的供、回水量的差值在设计允许范围内;而另一分支其差值远离设计允许范围,因而确定泄漏在后一个分支中。对这后一个分支的管道再次进行巡查,终于找到了泄漏的确切部位,在离锅炉房约100m处的直埋管道上。泄漏的原因是此管段近期维修后回填土未认真夯实,载重汽车经过时管子被压轧断裂。

泄漏点确定无疑后,立即将泄漏点从系统中分离,并拟定检修措施,实施抢修。同时,将系统调整到尽量接近正常工况,减少供热损失。泄漏的管道修复后,再并入系统,恢复正常运行。

系统发生泄漏时,压力参数普遍下降,系统总流量增加。泄漏点的上游管网压降增加,其下游管网压降减小。也可根据系统各分支的供、回水循环流量是否平衡来判断泄漏点。供热系统的管道、设备的任何部位都有可能发生泄漏事故,特别是承压能力较低的散热器、阀门、补偿器、锅炉水冷壁管和各种焊缝处及腐蚀严重或长年失修的部位,当系统超压或受外部撞击时,这些部位往往都容易发生泄漏。系统泄漏严重,若补水量弥补不了泄漏量时,系统可能发生倒空。

5.1.2 管道堵塞引起热水锅炉汽化

【例75】某住宅小区热水供热系统,供热面积约 $2 \times 10^5 m^2$,由单台 $6 \sim 10 t/h$ 热水锅炉供热。原定压方式采用膨胀水箱定压,后改为变频补水旁通定压。某日突然锅炉发生汽化现象,锅炉安全阀自动开启,但锅炉压力仍继续超压,汽化现象并未缓解。运行人员无奈将锅炉附近管道母管上的阀门阀芯卸掉,增加排汽通路,锅炉压力才开始回降,未造成重大事故。

事后在专家的指导下,对事故原因进行分析判断。开始运行人员认为原因是定压方式改变所致,但提不出任何依据。问题在运行人员对变频旁通补水定压这种行之有效的理想定压方式缺乏认识。

后来回忆当时情况,发现循环水泵入口压力过低,而系统总回水压力异常增高,才断定系统总回水母管一定存在堵塞现象。堵塞处的上游压力增大,下游压力下降,导致循环流量过小,因而引起锅炉产生汽化。

造成堵塞的原因及部位可能是:(1)竣工时未按规定冲洗,管道内存有杂物。此供热管网并非新建,采暖期开始时管道经过清洗，这种原因予以排除；（2）管内结垢引起堵塞。水质经过软化，并运行时间不长，由于结垢而堵塞不可能；（3）除污器未及时除污而堵塞。除污器刚刚检修，这种可能也予以排除；（4）回水总母管的关断阀发生故障。处理事故时将这些关断阀的阀芯拆卸检查，证实阀门掉芯是造成这起事故的主要原因。

专家指出，锅炉一旦发生汽化，不论事故原因是否查清，首先必须立即撤火降温，这次事故发生后未按此规定操作是一种失误。幸而紧急卸除阀芯，处理得当使一切恢复正常，汽化现象消失，系统压力参数得以稳定。从事故发生至恢复正常供热，约经过4h，未造成重大损失，否则后果严重。

5.1.3 塑套钢直埋管的泄漏

【例76】某市由热电厂首站向居民各供热站供高温水专用于采暖。一次网额定供回水温度为135℃/65℃；二次网额定供回水温度为87℃/62℃。热网设计压力为1.5MPa；额定循环水量为6400t/h；热网定压值为400kPa；热网正常补水量为304t/h。一次网按口径不同分别采用聚乙烯或玻璃钢外护管的直埋管。供暖期间一次网多处出现冒蒸汽现象，如某次检查有26处冒汽，处理完7处，不久又有3处重新出现冒汽现象。此情况对系统安全运行产生重要影响。

该市地下水位很高，水质较差。挖地不到1m就见水，水中氯化物含量超过80mg/L，个别地方超过300mg/L。供热部门多次研究，认为管道出现破损冒汽的原因是地下水通过外护管破损处进入保温层，由于高温水管道对保温层中水的蒸发作用，造成保温层与管子剥离形成空洞，从而使玻璃钢外护管出现更大面积的塌陷和破损。

钢套钢和塑套钢是直埋管的两种类别，各有其特点，对这两种直埋管的选用，存在一定的分歧。选用时应按介质及参数；

地下水位及水质和土壤情况；管材供应及施工条件等方面进行技术经济分析来确定。无论选用何种直埋管，管材和施工质量保证良好，是两个最主要的因素。

此实例地下水位高是其外部条件，但据专家分析认为管段接头处施工质量不好是其根本原因。地下水从接口处漏入，受热蒸发成汽，压力增高而冲破外护管向外冒汽。检修时必须要将潮湿的保温层全部除去重新保温，或将其彻底烘干。否则保温层仍保持潮湿状态，修复后水分仍会蒸发增压。

5.1.4 钢套钢直埋管的腐蚀

【例77】某城市采用钢套钢直埋蒸汽管道，有约200m干管埋于道路的一侧，运行不久就发现腐蚀穿孔向外冒汽，其管道的外防腐采用特加强级环氧煤沥青与玻璃布的防腐层。对这段管段挖开检查，并测土壤电阻率：路段较低、土壤较湿，土壤电阻率约25Ωm左右，腐蚀性较强；更为严重的是距管道不远埋有地下电缆，管道与电缆平行埋设。造成腐蚀的原因很明确，是由于土壤腐蚀和散杂电流腐蚀。

研究认为，防止这段直埋管的腐蚀，最好采用管外覆盖防腐层，同时采用牺牲阳极的阴极保护"双保险"措施。但是这段管道很短，采用牺牲阳极的阴极保护要花费较多的投资，最后采用将这段管段改线，解决了腐蚀的问题。

【例78】后来此城市修建由电厂向外供汽 $\phi 800mm$ 的管道时，采用了沿河道低支架的方式敷设。但是有68m长的管子要穿过进出城市交通的主干马路。原设计为地沟敷设，但该处紧靠铁路干线，地沟深度要5m以上，此地段地下水位又较高，挡土墙要特别加固处理。地沟施工和防水难度很大。最后决定采用钢套钢管（外套 $\phi 1220mm$）直埋。当时是国内最大直径的直埋蒸汽管，而且介质温度又高（蒸汽温度达300℃），除在管道结构、敷设及保温上都要严格要求外，在管外防腐上也要特别慎重。

在研究上述【例77】道路旁约200m钢套钢直埋管事故时，经过研讨取得经验，管子外防腐采用"三布五油"的防腐层与牺牲阳极的阴极保护"双保险"措施。

根据土壤条件、土壤电阻率、电流密度的测算等，选用镁合金阳极，型号为 XMAS-P_3，规格为 750mm × （100+90）mm × 85mm，每块 11kg，共 6 块袋装如图 5-1 所示。

阳极填料选用型号为 MBF-1，有 15% 石膏粉，15% 硫酸钠，20% 硫酸镁及 50% 膨润土组成，布袋是棉布袋（不得使用塑料袋）。

袋装阳极的埋设方式采用水平轴向埋设，如图 5-2 所示，埋设深度为地面下 1.2m，距管道外壁 2m。采用两侧对称布置。即在同一接点的两侧每侧布置一支。

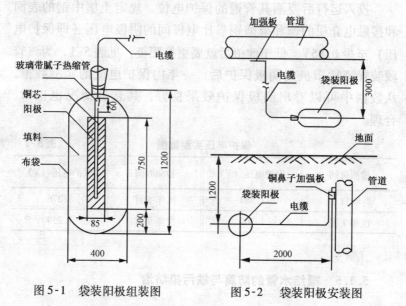

图 5-1　袋装阳极组装图　　　图 5-2　袋装阳极安装图

为了便于定期检测相邻两组阳极之间管道的保护电位，在相邻两组阳极的管段中间，根据需要适当设置电位测试桩，桩距以不大于500m为宜。测试桩用混凝土制做。测试盒装在测试桩内，测试盒要防水密封，在盒内接线柱应注明管道编号及镁阳极的编号。图5-3所示，即为综合测试桩的接线图。

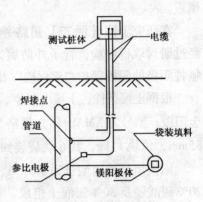

图5-3 综合测试桩

在埋设袋装阳极时，要同时埋设参比电极。参比电极采用Cu-$CuSO_4$，用陶土器皿中盛$CuSO_4$溶液，溶液中有铜丝。器皿的口封死，铜丝穿出于封口之外，由电线与测试桩相接。

投入运行后要测其管道的保护电位。规定土壤中钢的表面和接触电介质的饱和硫酸铜参比电极间的阴极电压（即保护电压）至少0.85V，低于此值后就要更换阳极，见表5-1，为该管段装置牺牲阳极的阴极保护后，一年内保护电流的实测数据。从数据中可以看出阴极保护效果良好，其衰退情况也正常、合理。

保护电压实测数据　　　　　　　　　　表5-1

检测时间	保护电压（V）	检测时间	保护电压（V）
当年11月	1.384	次年5月	1.276
次年1月	1.309	次年9月	1.259

5.1.5 凝结水管的防腐与铁污染防治

蒸汽供热系统凝结水的回收利用是一项节能效益很好的项

目。它能减少锅炉补给水量，降低锅炉排污率节水和降低运行费用；提高给水温度，降低燃料消耗量；降低给水含氧量，减少锅炉的氧腐蚀，因而常被采用。若工业用汽为直接用汽，凝结水常混入生产工艺进入的杂质较难处理。若工业用汽为间接用汽，则存在凝结水管的腐蚀与铁污染需要防治。

【例 79】 某蒸汽锅炉房的供热系统锅炉蒸发量 D 为 20t/h，蒸汽压力 P 为 1MPa，锅炉污率为 5%，回水率为 50%，原水重碳酸盐（重碳酸钙与重碳酸镁）含量为 3.5mmol/L，采用钠离子交换软化未除氧。将凝结水送回锅炉房加以回收利用后，发现回水管严重腐蚀，理论计算回水管的腐蚀量高达 1617g/h。后来在给水系统中增加了热力除氧器，给水除氧后，回水管腐蚀量降低很多，按理论计算仅为 539g/h，回水管腐蚀显著减轻。

回水管腐蚀的主要原因是由于蒸汽中含有 CO_2 及 O_2。原水经钠离子交换后，其重碳酸盐硬度都变成等当量的重碳酸钠 [$NaHCO_3$] 进入锅炉，在锅炉内分解，而产生 CO_2：

$$2NaHCO_3 \rightarrow Na_2CO_3 + CO_2\uparrow + H_2O$$

生成的 Na_2CO_3 在锅炉的压力和温度下水解又放出 CO_2：

$$Na_2CO_3 + H_2O \rightarrow 2NaOH + CO_2\uparrow$$

Na_2CO_3 并不是全部水解，而只有一部分水解，其水解率与锅炉工作压力有关，如表 5-2 所示。

碳酸氢盐在不同锅炉工作压力下的水解率　　　　表 5-2

锅炉压力（MPa）	0.6	0.8	1.0	1.3	1.5	2.0	2.5
水解率（%）	20	30	40	50	60	80	100

这些产生的 CO_2 随蒸汽进入供热系统，在用汽设备中溶解于凝结水形成碳酸：

$$CO_2 + H_2O \rightarrow H_2CO_3$$

上式为可逆反应，形成的碳酸很少，但是碳酸和铁反应形成碳酸铁后，碳酸消失，又产生新的碳酸，反应不断地进行，直到 CO_2 消耗完为止。生成的碳酸铁 $[Fe(HCO_3)_2]$ 溶解于水中，如果凝结水中没有 O_2 存在，则溶于水中的 $Fe(HCO_3)_2$ 随凝结水流回锅炉房。如果凝结水中有 O_2 存在，则进行如下反应而生成 Fe_2O_3 红锈沉淀，或 Fe_3O_4 黑锈沉淀，并又产生 CO_2：

$$2Fe(HCO_3)_2 + \frac{1}{2}O_2 \rightarrow Fe_2O_3 \downarrow + 4CO_2 \uparrow + 2H_2O$$

$$3Fe(HCO_3)_2 + \frac{1}{2}O_2 \rightarrow Fe_3O_4 \downarrow + 6CO_2 \uparrow + 3H_2O$$

新产生的 CO_2 又变为碳酸，再腐蚀管壁，反应就反复进行。

反应产生的氧化铁沉淀于管道内表面，形成阴极；管子内表面形成阳极，又发生电化学腐蚀。这一系列连锁反应就是使回水管在短时间内被腐蚀穿孔漏水而损坏的原因。

锅炉给水除氧后，不仅蒸汽中含 O_2 极少，而且水中 $NaHCO_3$ 受热分解产生 CO_2 的反应进入锅炉之前，在热力除氧器中已进行，生成的 CO_2 由热力除氧器排出。因此蒸汽中含 CO_2 及 O_2 的量都大量减少，回水管的腐蚀显著减轻。

【例80】某造纸厂由热电厂供汽，蒸汽参数为压力 $P = 1.2MPa$，温度 $t = 300℃$。蒸汽主要用于 $D = 1500mm$ 的烘缸，使湿纸干燥，烘缸的额定蒸汽参数为压力 $P = 0.3 \sim 0.4MPa$，温度 $t = 150℃$。工艺上其他用汽参数为压力 $P = 0.15 \sim 0.2MPa$，温度 $t = 150℃$。烘缸及工艺上其他用汽设备的凝结水都汇集于凝水槽。为了节约能源，拟将凝结水送回热电厂。为此对凝结水的水质进行分析，结果 pH 合格；硬度合格；但 Fe^{3+} 为 1500mg/L，不合格。询求凝结水除铁的方案。

热电厂锅炉给水含铁量的要求较为严格。国家标准《火力发电机组及蒸汽动力设备水汽质量标准》(GB 12145—89) 规定锅筒锅炉给水含铁量的标准如表 5-3 所示：

热电厂锅炉给水含铁量标准 表 5-3

锅炉压力（MPa）	3.8~5.8	5.9~12.6	12.7~15.6	15.7~18.3
含铁量（μg/L）	≤50	≤30	≤20	≤20

由此看出，该纸厂凝结水含铁量超标过于严重，因此其除铁方案必须采取较严格的措施，经研讨提出以下两个方案：

（1）采用覆盖过滤器过滤，凝结水中含有的杂质都是很微小的悬浮物和胶体，大多都能穿过普通的粒状滤料过滤层。所以，应当采用很细的粉状物质做滤料。覆盖过滤器是由一个承压外壳和很多过滤元件组成。将粉状滤料覆盖在过滤元件上，使其形成一个均匀的微孔滤膜，这个过程称为"铺膜"。凝结水经过滤膜后，汇集送出。

（2）采用体外再生混合床，它是由强酸阳树脂（氢型），和强碱阴树脂（氢氧型）组成的凝结水净化设备。采用高流速（80~120m/h）下运行。宜用大孔树脂并要求树脂的机械强度高，粒度均一。

上式两个方案具体内容从略。

5.2 补偿器的损坏事故

5.2.1 套筒式补偿器泄漏及锈死事故

【例81】某市供热公司几年来积累有 10 个 DN400 的套筒式补偿器，由于严重泄漏或锈死不能伸缩而损坏报废。其密封填料有聚四氟乙烯密封环的，也有石墨盘根式的。这 10 个补偿器外表油漆良好，芯管伸出长度不等，外套筒及芯管内壁都有呈浅黄色的水垢。

套筒补偿器和波纹管补偿器是两种最常用的补偿器，各有利弊。套筒补偿器不存在波纹管补偿器由于波纹压缩变形问题。若波纹管的金属材料有缺陷，有产生疲劳破坏的缺陷。但却存在密封填料易于泄漏的缺点。过去使用的填料为浸油石棉橡胶盘根，由于油在热态很容易挥发，石棉橡胶容易老化，因而易于泄漏。近年来密封采用聚四氟乙烯密封环或石墨盘根后泄漏已较少发生，对这些泄漏的补偿器解体观察，寻找原因。

这些补偿器大部分的填料压盖都已锈死在芯管上，故采用气割切开，将填料取出，然后将芯管从套筒中取出，进行观察情况如下：

（1）聚四氯乙烯密封环拆下后，其形状及弹性仍旧良好；石棉盘根拆下后，其整体性能也良好。但这两种填料与芯管锈层的滑动表面均被拉伤。

（2）外套筒填料函仍完好，但填料仓以外的内壁有水垢。

（3）芯管的外表面呈片状剥落，个别芯管有腐蚀麻坑。芯管的填料下部分和填料压盖的下部分，是芯管腐蚀最严重的部位，不仅严重腐蚀，而且有严重的剥离层。

（4）芯管的外伸部分无严重腐蚀，个别表面还可以看到电镀的光泽。经机加工并电镀约700mm的长度中，腐蚀段的长度各不相同，最短的只有约340mm，最长的约450mm。

密封是否良好，是由密封填料的性能和芯管滑动表面的状态共同决定的。这些芯管虽然都是镀锌、镀镍的碳素钢，但镀层很薄，一般不超过0.05mm。芯管长期处于潮湿状态，极易生锈腐蚀。滑动表面因腐蚀而变得粗糙，导致芯管密封表面高低不平，盘根无法密封腐蚀坑或腐蚀剥离层而造成泄漏或使芯管与填料压盖锈死而不能伸缩。

该公司采取的措施是研制成不锈钢复合芯管套筒补偿器，不锈钢复合层与密封填料和压盖接触，不锈钢复合层只承受密封的轴向摩擦力，提高了芯管的防腐能力。由于不锈钢复合层受到的应力很小,故不易产生氯化物应力腐蚀开裂。

常用的其他方法就是注入粉状石墨填料,将腐蚀坑和腐蚀剥离层填堵。也有的制造厂家采用"机械密封",这种机构的制造公差和配合的精度要求高,成本增加很多。

5.2.2 波纹管补偿器的应力腐蚀开裂事故

【例82】某热力集团的热力公司1991年订购 $DN200 \sim 700mm$,单层0.8mm厚,长1100mm,由304不锈钢制成的波纹管补偿器262个,在1994~1996年间损坏17个。2001年3~5月又损坏三个铰接波纹管补偿器。对这些补偿器损坏的原因进行分析,并提出对策。现概述于下:

(一)对17个单层波纹管补偿器损坏情况的观察与分析:9号、14号及15号小室中损坏的补偿器较多,这些小室内都有积水,具有腐蚀性介质的环境。尤以15号小室积水最为严重,补偿器泡在水中,取其水样分析,硬度达536.11mg/L(按 $CaCO_3$ 计);pH=7~8;Cl^- 含量相当高,达 160×10^{-6}。取水样时前一天下雨,水样还是被冲淡的情况。

腐蚀情况的观察:9号小室腐蚀的波纹管有锈斑、变色,用放大镜观察到明显的蚀孔和蚀坑。14号小室波纹管下端正好在焊接缝处,表面变色,焊接周围除大量锈斑外,结垢严重,垢堆了厚厚的一层。将腐蚀产物清洗后,看到焊接附近(热影响区)有一处穿透的裂纹,裂纹呈纵横方向延伸。腐蚀从外到里,内表面基本无变化。在光亮如初未被腐蚀的波纹管的外罩和前后接管处有厚厚的腐蚀产物。

金相显微镜观察,看出蚀坑是裂纹的起源,裂纹发展呈枝状,裂纹有穿晶的,也有沿晶的。裂纹都与蚀坑或夹杂物有关。

扫描电镜观察,看出裂纹周围充满腐蚀产物,还有很多二次裂纹呈鸡爪状。个别地方腐蚀坑已连成片。

能谱分析结果，主要元素相对含量（%）如表5-4所示：

破裂波纹管蚀坑内、裂纹表面、断口表面主要元素含量　　表5-4

试 样 名 称	主要元素相对含量（%）						
	Fe	Ni	Cr	Ca	Si	S	Cl
14号小室　表面点蚀坑内	37.1	3.67	12.7	5.67	11.6	5.59	4.73
9号小室　裂纹表面	29.2	3.00	5.55	18.1	15.5	6.02	5.32
9号小室　裂纹表面	45.7	5.21	7.62	9.52	11.3	6.60	3.37
14号小室　断口表面	62.3	5.59	18.8	4.75	7.78	0.72	0.58
14号小室　断口表面	27.1	2.67	25.8	14.1	7.83	1.46	0.96

在裂纹表面及断口表面的腐蚀产物中都有大量的 Cl^- 富集，其含量远高于水中含量（160ppm），浓度高达5800ppm。

锈层X射线分析：为加强波纹管强度，由Q235钢制成的加强筋均匀腐蚀很严重，其锈层很厚、棕红色、有弹性。在不锈钢的波纹管与碳钢加强筋接触的波谷处，取腐蚀产物进行X射线结构分析得：腐蚀产物中主要是铁的氧化物及其水化物如 Fe_2O_3、$Fe(OH)_2$ 等，可见小室中氧的供应是足够的；也发现腐蚀产物中有氯化物存在，如 $CaCl_2$、$NiCl_2$ 等，这与扫描电镜和能谱分析结果一致，证实小室的环境中确有 Cl^- 存在。

对小室水样中 Cl^- 的来源也进行了反复分析查询。15号小室水样中 Cl^- 的浓度为160ppm；X射线和能谱分析结果，腐蚀产物中 Cl^- 相对含量从0.578%至13.41%，换算为重量百分含量为5780~13400ppm，其原因是这片管网施工时，排水暗洞用三氯化铁砂浆夹层，每延米用 $FeCl_3$ 量为9.2kg。$FeCl_3$ 水解，造成大量 Cl^- 溶入水中：

$$FeCl_3 + 3H_2O \rightarrow Fe(OH)_3\downarrow + 3H^+ + 3Cl^-$$

观察与分析得出结论：

（1）损坏的主要原因是不锈钢的氯化物应力腐蚀开裂。波纹管与碳钢的接管腐蚀是由于这两种金属在水介质中形成电偶电池腐蚀。不锈钢的电极电位高，成为阴极受到保护，而电极电位低的碳钢成为阳极被腐蚀。

(2) 证实了氯化物应力腐蚀开裂始于点蚀，然后裂纹萌生和扩展，主要是穿晶腐蚀，也可能产生晶间腐蚀等论述的正确。

(3) 看出拉应力是氯化物应力腐蚀开裂的因素之一。认为拉应力的来源除工作压力外，残余应力在事故中占有重要地位，它在制造和安装时都可能产生。此外，不可忽视的还有裂纹腐蚀产物的"楔入应力"，因为金属阳极溶解所形成的各种产物的体积，一般都大于这种金属被腐蚀前原来的体积，这种体积的变化在闭塞的部位可以导致很大的应力。实验测出，裂纹中腐蚀产物引起的应力可达 68.6MPa。

(二) 对三个多层波纹管补偿器损坏情况的观察与分析

由 304 不锈钢制成，而已损坏的两个多层铰接波纹管补偿器：DN1000（以下简称 A 波纹管）和 DN800（以下简称 B 波纹管），单层厚度为 1.2mm；设计压力为 1.6MPa，设计温度为 350℃；额定角位移为 9°，角位移刚度为 3562N·m/度；许用疲劳寿命为 1000 次。

A、B 两个波纹管都装在热水管网上，运行参数远小于设计参数，A 波纹管四层都爆破，B 波纹管四层中已有三层开裂。这两个波纹管外层的外壁都有少量的腐蚀产物，但保持银白色金属光泽。裂纹很细，走向各异。在第一层内壁和第二、三层的内、外壁有大量腐蚀产物附着，不锈钢板已完全失去了金属光泽，坠落地面已无金属声响。第四层外表面有少量腐蚀产物和小裂纹，内表面附着均匀的薄水垢，无腐蚀产物，表面呈银灰色。

裂纹情况与腐蚀产物相似：第二、三层裂纹最多，最粗；第一层其次；第四层相对较少，较细。裂纹向各个方向扩展。腐蚀开裂是由外层逐层向内发展。腐蚀来自波纹管外，在进入波纹管层间后,连续并加快了腐蚀的产生。

腐蚀产物用 X 射线荧光分析,其主要元素为 O,Fe,Cr,Ni,Si,Al,Mg 等,所有腐蚀产物均含有 Cl⁻元素。其能谱分析结果如表 5-5。

腐蚀产物的能谱分析　　　　表 5-5

元素\含量(%)\相对部位	第一层		第二层		第三层		第四层	
	外层	内层	外层	内层	外层	内层	外层	内层
Cl	1.49	4.22	4.24	1.12			0.82	
	0.43	2.47	0.29	5.53			0.72	
	1.29	0.35	2.58	1.33			0.47	
	1.07	2.35		1.25			0.67	
				12.15				
				12.15				
Si	3.44	24.29	4.02	16.46	6.45	9.77	3.39	1.93
	31.13	1.11	11.72	9.89		0.75	5.69	0.17
	3.81	2.88	3.31	3.76		1.9	17.51	
			4.11	1.76				
S	0.61	9.01	1.35	1.35	0.24	1.15	2.38	0.23
	1.66	0.82	0.39	0.31		0.31	0.98	
							4.11	
	2.21	10.63	50.88	1.29	3.54	5.67	1.50	0.67
	6.16	2.02	4.13	2.83		0.56	1.11	1.01
	2.37		4.06	1.87			3.42	1.02
				3.28				1.34
Cr	22.82	2.85	60.27	5.04	7.65	20.28	27.35	17.72
			51.11			34.53		17.87
						44.25		18.23

从表看出外层至内层均有 Cl 元素的分布及富集,其重量百

分比最低为 4300×10^{-6} [注：编者核算，似应为 1700×10^{-6}]，最高为 120000×10^{-6}。

开裂波纹管的基材分析见表 5-6。

开裂波纹管的基材分析　　　　表 5-6

元　　素	C	Si	Mn	P
304（AISI）标准	≤0.08	≤1.0	≤2.0	≤0.0035
开裂波纹管基材分析	0.054	0.55	1.01	0.0035
元　　素	S	Cr	Ni	Fe
304（AISI）标准	≤0.003	18~20	8~10.5	余量
开裂波纹管基材分析	0.003	17.98	8.07	余量

从表中看出，Cr 及 Ni 的含量均接近标准下限，奥氏体组织的稳定性不够理想，外力易导致马氏体相变。

金相分析，对逐层金相组织观察均发现变形马氏体。裂纹以穿晶为主。

应力分析：最大应力区出现在波纹管的凹边区域或凸边区域，其测试数据如表 5-7 所示。总体应力水平虽然很高，但仍不足以导致波壳爆裂。

应　力　分　析　　　　表 5-7

项　　目	内压力（MPa）	角位移	δ_{Bmax}（MPa）
设计工况	1.6	9°	543.14
实际工况	0.86	7°	446.20
	0.86	8°	535.70
	0.86	9°	638.60

B 波纹管在施工安装中也存在缺陷，设计各管段间应装两

个6波的铰接型波纹管补偿器,但施工中使用一个4波和一个6波补偿器,如图5-4所示。再有:固定支架未安装卡板。由于4波波纹管刚度较小,应力集中,破裂的波纹管为4波的。

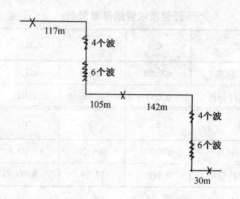

图5-4 安装示意图

虽然4波的波纹管刚度小和固定支架无卡板,也是促使破裂的因素,但造成A、B波纹管破裂的主要原因还是氯化物应力腐蚀开裂。

另一损坏的DN1000波纹管(简称C波纹管)由316不锈钢制成。在相同条件下,发生大量蒸汽泄漏,管内、外各层均无腐蚀,但已严重变形,经着色分析未发现层间进汽现象。经核算,实际运行中补偿量已超过额定值。并且在安装过程中考虑各方面的因素未预拉伸、运行中安全系数下降。

从A、B波纹管与C波纹管比较,明显看出316不锈钢的抗氯化物应力腐蚀开裂的性能优于304不锈钢。

(三)针对以上的测试与分析,在产品设计加工、施工安装、运行管理方面提出些防护对策:

(1)在浓度大,条件恶劣的小室里,特别是在大管径($\phi>1.5m$)的主干线上,建议采用316L,而不用304不锈钢。

(2)补偿器的设计和制造中适当提高波纹管的安全系数,

注意位移应力的影响，对冷变形后的波纹管进行热处理，以消除残余应力。为降低残余应力和受载应力，宜采用低波高，大波距。采用表面处理手段进行保护，如采用非晶合金 Ni-P 化学镀层；选用有机富锌涂料（如环氧富锌涂料）或无机富锌涂料；也可考虑防腐薄膜外覆耐蚀合金（如 lncoloy800 或 825）。或采用石化工业上实际应用的奥氏体不锈钢表面改性处理新技术。设计保护装置，如在外压式波纹管外增加密封装置。

（3）施工安装严禁使用含 Cl^- 的材料（主要是 $FeCl_3$）和使用含 Cl^- 的施工方法（如盐水防冻等）。安装波纹管补偿器时，不要把焊缝放在下端，建议放在两旁面。遵守设计图纸要求施工，确保施工质量，避免由于更换设备或施工不当而带来易破损的因素。储存及安装过程中尽量避免 Cl^- 污染。应储存于阴凉干燥的库房，若不得已只能露天放置时，须使外压波纹管出口端向下，避免污水流入而引起腐蚀。

（4）要改善小室环境，保持干燥、清洁，避免滴漏等不正常工作状态。避免选用含 Cl^- 的防水剂、防冻剂等材料。保证良好水质，排除管道中水内的沉积污物，消除点蚀形成和扩展的条件。

（5）切实加强对波纹管的检查，对内压型波纹管（铰链型、复式拉杆型）要定期进行着色检查；对外压波纹管主要检查有无浸泡、泄漏，对直接裸露或滴水处的波纹管要加以防护。

该热力集团，采用了科学的手段，对该公司损坏的不锈钢波纹管补偿器不仅进行了全面深入的观察，而且还进行了金相分析，扫描电镜观察，能谱分析及 X 射线分析，取得充分的科学数据，对材质、制造、施工及运行情况进行全面分析，论据充分，结论可信，提出的防护对策全面，是值得参考的资料。

5.2.3 波纹管补偿器损坏原因的争议

【例83】 某单位蒸汽管道中 DN400 的波纹管补偿器出现裂口。管道输送介质为压力小于 0.9MPa，温度小于 250℃ 的过热蒸汽。由于汽温较高，采用将氯化物含量很高的自来水喷入蒸汽以降温，补偿器材质为按 ASTM 标准的 316L 奥氏体不锈钢。

对失效的补偿器进行解剖，发现在靠近补偿器固定端一侧的第一个波最内层的波峰处有一个圆周 50% 的周向裂口，第二、三、四层也有相应的裂口，依次减轻。波纹管的内侧表面已呈黑色，外表面部分呈红褐色锈区，并伴有白色结晶物质。从剥离下来的碎片观察不锈钢已有脆化现象。初步认为此补偿器的破坏属应力腐蚀疲劳破坏，这是大部分补偿器的主要原因。

后来使用单位从补偿器内层光亮部分取出试样送当地产品质量监督检验所检验。我国不锈钢标号与美国不一样，检验标准与 ASTM 标准也略有不同。我国国标 OOCr17Ni14Mo2 牌号不锈钢对应于美国 316L 不锈钢；国标及 ASTM 对这种不锈钢成分的规定，其 C、Si、Mn、S、Cr、Mo 含量都相同，仅 Ni 与 P 含量略有区别：ASTM 规定 316L 的 Ni 含量为 10% ~ 14%；P≤0.045%。国标（GB/T 1220—92）规定 OOCr17Ni14Mo2 的 Ni 含量为 12% ~ 15%；P≤0.035%。

试样分析结果除 Ni 含量外，其他成分按国标与 ASTM 都符合规定。分析结果 Ni 含量为 11%，按 ASTM 标准符合对 316L 牌号不锈钢的规定；但按国标对 OOCr17Ni14Mo2 牌号不锈钢规定的 Ni 含量低 1%。监督检验所的结论是对 316L 不锈钢成分检验不合格。

检验报告给出后，使用单位作为依据，确定损坏原因是材质不合格，而且指出所用钢材不是 316L，而是 316 不锈钢，要求赔偿。制造厂家对管内的凝结水进行取样分析，结果如表 5-8

所示，从水质 Cl⁻高达 129mg/L；又在高温条件下；内应力必然存在。而且腐蚀又是由内向外。种种现象都说明原因是氯化物应力腐蚀开裂。关于材质认为原产品就指明是按照 ASTM 标准的 316L 不锈钢，应属合格。不锈钢牌号的"对应"并不是"全等于"。而且 Ni 含量即使差 1%，也不致影响其耐腐蚀性能。

水质分析结果　　　　　　　表 5-8

碱度 （mmol/L）	硬度 （mmol/L）	Cl⁻ （mg/L）
2.3	5.9	129

使用单位最后提出，制造厂家只有将以下的问题说明的前提下，才能否定材质的问题：

（1）Ni 含量为 11% 不致影响其耐腐蚀性能的依据是什么？

（2）我国沿用 ASTM 标准，为什么修订国标时 Ni 含量更改？为什么国标对应 ASTM316 钢号的 0Cr17Ni12Mo2 牌号钢，Ni 含量的规定仍与 ASTM 标准一致？

制造厂家就上述问题查阅资料及请教专家后，提出了对上述问题的见解（详见第 5.3.3 节）并取得使用单位的认可，否定了损坏原因是由于材质不合格。

5.2.4 波纹管补偿器的应变时效损坏

【例 84】某热力公司一次网中有一个波纹管补偿器发生破损，管内热水温度为 100~150℃，补偿器材质为 304 不锈钢，解体观察有脆裂现象。当时臆断为氯化物应力腐蚀开裂，主张将材质由 304 改为 316L，但进一步分析又发现两个疑点：

（1）虽然是脆性破裂，个别地方虽也变色，但大部分表面仍光滑发亮；

（2）取水质分析（结果如表 5-9 所示），水质正常未发现异常现象。水中氯离子含量并不很高。

供回水水质分析数据 表 5-9

项目	硬度	碱度（其中酚酞碱度）	pH 值	氯离子	铁
单位	mmol/L	mmol/L	—	mg/L	mg/L
供水	0.98	1.2 (0.2)	7	22	0.28
回水	0.96	1.1 (0.15)	7	21	无

取样品及水质分析数据请教有关专家，经研究认为这种脆性破坏不是氯化物应力腐蚀开裂，因为虽然内应力存在，温度也较高，但产生氯化物应力腐蚀开裂最主要的条件是水中氯离子含量较高，而此管网的水中氯离子含量并不很高，一般在 25mg/L 以下时不易产生氯化物应力腐蚀开裂。再从样品表面仍光滑的情况来看，也与氯化物应力腐蚀开裂不同，从样品情况判断是脆性破坏中的"应变时效"。

"应变时效"又称"机械时效"或简称"时效"。它是冷加工变形后，若在室温条件下，停留较长时间（几个月甚至几年），由于塑性变形，使金属部分晶格歪曲，降低了一些物质，如碳化物、氮化物的溶解能力，引起这些物质的扩散与析出，而使金属材料的强度性能上升，而塑性性能下降。在 100～300℃温度条件下，停留时间很短（甚至 0.5～2h），就可能发生应变时效。冷弯、冷卷、胀接、铆接等工艺过程都伴随有冷加工变形。

冶炼过程、钢材成分、工作和加工工艺都与应变时效有很大的影响：

（1）冶炼过程中如仅用锰除氧易发生应变时效，加锰、硅后再加铝、钛、钒、锆等去氧，则钢材的应变时效倾向减弱。

（2）钢材成分的影响是：

a）含碳量较低的钢材易产生应变时效，含碳量增加应变时效趋势减弱。从这个角度出发，316L（含碳量为 0.03%）不如 304（含碳量为 0.08%）。

b）淬火或正火后，600~650℃ 回火可使析出的碳化物、氮化物聚集成大颗粒，应变时效的趋势减弱。

从这一实例可知：虽然以不锈钢为材质的补偿器绝大部分是由于氯化物应力腐蚀开裂而损坏，但不能发生损坏后不加分析地就都断定是氯化物应力腐蚀开裂。也可能有其他原因，本例的应变时效就是一例。

应变时效损坏是极难遇到的，它主要取决于冶炼和加工工艺，而与运行使用关系不大。在供热系统中对钢材的选用更多关注其耐腐蚀性能，并不从应变时效来考虑。

5.3　供热设备的选材问题

换热器、补偿器及散热器等供热设备的材质选择，是制造厂家、工程技术人员十分关注的问题，在评标及商务上也常有争议。在研讨会上发生争议的原因常是由于：

（1）专家或议论人员来自不同部门，由于工艺及介质参数不同，而产生不同的观点。例如，供热系统目前常用的奥氏体不锈钢为 304（0Cr18Ni9）；316（0Cr18Ni12Mo2）及 316L（00Cr18Ni14Mo2）等牌号的不锈钢。但从事化学工业的技术人员由于考虑酸、碱及其他化学溶液的侵蚀，则认为 316 甚至 317 奥氏体不锈钢（0Cr18Ni12Mo3）的耐蚀性都不足，则主张用增加镍及钼含量并加氮的超低碳控氮不锈钢［00Cr18Ni18Mo5（N）］，进一步提高耐点腐蚀和抑制金属间相和碳化物的析出。但从事石油化工工业的技术人员认为应该用超低碳高合金奥氏体铬镍不锈钢，如 00Cr20Ni25Mo4.5Cu 牌号的不锈钢才能耐

H_2SO_4、H_3PO_4、HAC、甲酸及其混酸等的腐蚀,使应力腐蚀现象明显减轻。

(2) 任何一种钢材的开发,都针对解决某一种缺陷,它必定在某一方面有显著的优点,但往往存在另一种缺点。例如:00Cr18Ni18Mo5(N)在提高耐点腐蚀和抑制碳化物析出上都有利,但其热塑性减低。又如一致认为对高温(≤130℃)高浓度(93%~98%)碳酸设备耐腐蚀最好的是我国专利牌号(SS920)不锈钢,但其热加工范围较窄,焊接功能远不如其他不锈钢,需要用特殊的焊接方法焊接。

除性能上的差别外,还存在一个成本和价格的问题,它不是完全受技术问题来控制的,还存在市场情况。除市场供求外,如原料价格等问题更难以捉摸。例如为保护资源,而且一般的认为铜材要贵于钢材,要少用铜材;但市场上某些钢材价格却远贵于铜材。总之材质的选用,既有技术和性能问题,又有经济价格问题,存在着技术经济的综合优化。不同材质生产同类功能的设备,存在技术上和经济上两方面的对比,一般情况学术讨论只能从定性上加以对比,很难用综合指标来对比。往往从定性上认识一致,但综合考虑仍有分歧。

(3) 有些技术及性能问题要通过长期的试验和实践经验才能断定的。例如,奥氏体不锈钢氯化物应力腐蚀开裂倾向的预测十分困难,它达到失效要经过很长的时间,甚至长达几年,要想积累工程实际数据,或按实际工况在实验室取得一系列的数据来进行分析研究非常困难,所以一般都采用"加速腐蚀方法"在非常苛刻的条件下进行试验。它又以①沸腾的高浓度$MgCl_2$试验方法和②静水型高温水应力腐蚀开裂试验方法最为常用。这些数值不能直接用于实际工况。

早在20世纪50年代起,美、日、英、前苏联等国家的学者和技术人员对不锈钢做了大量的研究工作。这些试验及论文涉及到机理、材质、加工、耐腐蚀的能力等,试验结论取得了人们的认可。然而有些问题不同学者都进行相同的试验,但采用的试验方法和测试参数不同,其结果也不完全相同。我国试验研究的工作做的极少。因此,在讨论中会存在不少的分歧。

换热器、补偿器及散热器等选材问题,同样存在上述的原因而产生分歧,并不是认识都完全一致。以下就这些方面在供热范畴的使用条件下一些被多数人认可的概念加以阐述。

5.3.1 不锈钢和铜合金在换热器上的应用

不锈钢和铜合金是在集中供热的换热器上最常用的两种材质。换热器制造厂家和用户选用换热器时,常提出这样的问题:究竟选用哪种材质最好?这要在不同介质中,不同条件下来分析探讨。以下先就304奥氏体不锈钢和含砷三七铜(海军黄铜)为代表,加以论述。

换热器的选材常从以下各方面考虑:(1)换热器的传热效率;(2)材料的机械性能对换热器的影响;(3)换热器的成本与价格;(4)材料的抗蚀损能力对换热器的损坏及寿命。

5.3.1.1 材料的导热性能和换热器的传热效率

材料的导热性能常以导热系数 λ 来表示,它随温度而变化。304不锈钢在100℃时的导热系数为16.3W/(m·℃),而黄铜约为130W/(m·℃)左右,约为不锈钢的8倍。黄铜的导热性能显著比不锈钢优越。

但是,影响换热器传热效率的因素是其传热系数 K。K 值的大小与高温侧换热系数 α_h、低温侧换热系数 α_c、高温侧及低温侧的污垢系数 ξ_h 和 ξ_c 以及管壁的热阻 δ/λ(δ 为管壁厚度)有关:

$$K = \frac{1}{\frac{1}{\alpha_h} + \frac{1}{\xi_h} + \frac{\delta}{\lambda} + \frac{1}{\xi_c} + \frac{1}{\alpha_c}} \quad [W/(m^2 \cdot ℃)]$$

式中分母各项均为热阻,热阻越大 K 值越小,换热器的传热效率越差。

一般铜螺纹管的壁厚为 2mm 其管壁热阻 $= \dfrac{0.002}{130} = 1.53 \times 10^{-5} \mathrm{m^2 ℃/W}$;若不锈钢管壁厚为 0.5mm,其管壁热阻 $= \dfrac{0.0005}{16.3} = 3.06 \times 10^{-5}$。也就是说从管壁热阻来看两者仅差两倍而不是 8 倍。

更重要的是在计算 K 值的公式中,起主导作用的热阻是 $1/\alpha_h$ 和 $1/\alpha_c$,而管壁热阻影响最小也很微小。曾对管壁厚度为 0.5mm 不锈钢的波节管换热器,取 $\xi_h = \xi_c = 10000 \mathrm{W/(m^2 \cdot ℃)}$ 的条件下进行测算,结论是管壁热阻对 K 值的影响很小,许多情况下可以忽略不计。

金属表面状态对传热速度的影响很显著。图 5-5 所示为 304 型不锈钢和砷海军黄铜在同一换热器中进行两年试验的结果。

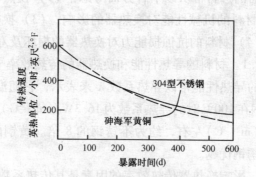

图 5-5　不锈钢、黄铜暴露时间与
传热速度的关系

试验时,在前 240 天,砷海军黄铜的传热速度大于 304 型不锈钢;240 天以后 304 不锈钢的传热速度大于砷海军黄铜。这是由于它们的表面状况有本质的差异;不锈钢表面是生成极薄的钝化膜，膜对传热的影响可以忽略；而黄铜表面生成一定厚度的氧化膜，它一方面起到对腐蚀的阻抑作用，同时也对传热过程造成了附加热阻。

这种种材质，不论是导热系数的差异，还是表面成膜状态的差异，对探讨换热器传热效率上都可以不作为考虑的因素。

5.3.1.2 材料的机械性能和换热器的成本

普通黄铜的抗拉强度和屈服强度都比不锈钢低的多（详见表5-10），但这并不影响铜材在换热器上的使用，因为构件设计时其厚薄是按材质的强度进行的。不锈钢管常制成壁厚为 0.5～0.8mm，而铜管壁厚在 2mm 左右。不锈钢管可以制成无缝管或焊接管，但铜管只能加工成无缝管。无缝管结构完整，但成本比焊接管要高一些。

机械强度的对比　　　　　　　　　　表 5-10

材　质	抗拉强度 δ_b（MPa）	延伸率（%）
304 奥氏体不锈钢	586	55
砷海军黄铜	392	35
二号工业纯铜	245	50

铜材有良好的可塑性，因此盘管型的换热器常用铜管。铜材的加工性能较好，管壁又较厚，为了强化传热，可制成外翅片管或螺纹管。外翅片管对空气预热器十分有利，因为空气在管外，其对流换热系数很小，管内流体的换热系数为管外空气侧的 10～200 倍。在管外加翅片后，不仅由于扰动而提高了换热系数，而且增加了管外的传热面积，常达管内表面积的 15～25 倍。螺纹管是将管挤压成管外表面形成连续螺纹状的螺纹槽，而内表面凸起的螺纹，使流体产生周期性的扰动而强化传热，而且管外靠近壁面的部分流体顺槽旋转有利于减薄流体边界层，同时螺旋槽成为排泄凝液的通道，可使凹槽两边的冷凝液膜减

薄，从而减少热阻。但是这些铜管在集中供热的换热器上应用，其强化传热的效果不显著。据广州原华南理工大学研究的结果为：螺纹管的传热系数仅比光管提高30%左右。

不锈钢的加工性能也较好，但壁厚很薄，一般都不做成翅片管和螺纹管，而挤压成波节管是强化传热和减轻结垢的良好方法。

在20℃时，黄铜的密度约为 $8520kg/m^3$，而不锈钢约为 $7820kg/m^3$。而且铜管壁厚约为不锈钢的 3~4 倍，因此采用铜管的换热器的质量要比不锈钢管大得多，制造成本高很多。

5.3.1.3 换热器的蚀损问题

采用那种材质对换热器防止蚀损更为有利，是换热器选材的焦点问题。蚀损包括腐蚀、冲蚀和磨损。

将金属材料对不同蚀损形式下抗蚀损能力的强弱以数码表示，数码越小能力越弱，而数码越大表示能力越强，则黄铜和不锈钢抗蚀损能力的比较如表 5-11 所示。

黄铜和不锈钢抗蚀损能力比较　　　　表 5-11

蚀损形式	黄铜	不锈钢	蚀损形式	黄铜	不锈钢
全面腐蚀	2	5	进口端部腐蚀	2	6
电化锈蚀	2	6	蒸汽腐蚀	2	6
孔蚀（运行）	4	4	应力腐蚀开裂	1	1
孔蚀（停置）	2	1	氯化钠侵蚀	3	1
高速水冲蚀	3	6	氨侵蚀	2	6

从表中可以看出：抗全面腐蚀和电化锈蚀的能力，不锈钢比黄铜优越很多，运行中的孔蚀（局部腐蚀）不锈钢和黄铜两者基本相同，但停置时的抗孔蚀能力，铜材则略优于不锈钢。因此，不锈钢换热器在非采暖期停置时应重视其保养。

不锈钢和铜材都存在应力腐蚀开裂的问题，但是它们的条件不同。铜材在含有氨（铵）的介质中，特别是有氧存在时，受侵蚀特别严重，若有拉应力存在，则易于产生应力腐蚀开裂。因此，有些化工厂采用不锈钢换热器而不用铜材的换热器。而有氯化物，特别是有氧同时存在时，奥氏体不锈钢易于产生应力腐蚀开裂。因此奥氏体不锈钢材的防止氯化物应力腐蚀开裂，是应用中需要解决的关键问题。

抗高温水冲蚀、进口端抗腐蚀及蒸汽腐蚀等的能力，不锈钢都显著比铜材优越。冲蚀是高速流体冲刷受热面而引起的磨损，一般可采用限制流速来防止。有些资料中就提出，在换热器中黄铜管的最大流速不超过1.5m/s，而不锈钢不超过4.5m/s。流速降低会降低换热系数，而使换热器的换热效果下降。因此，一般板式换热器不用铜材；波节管换热器，特别是汽-水换热器很少用铜材。

5.3.1.4 工业纯铜在换热器上的应用

工业纯铜偶尔也在换热器上应用。工业纯铜（以二号铜T_2为代表）具有很高的化学稳定性，在大气、淡水和冷凝水中都有良好的抗蚀性，在大多数非氧化性酸（如氢氟酸、盐酸等）溶液中几乎不被腐蚀。但在海水、氧化性酸以及各种盐类，如氨盐、氯化物、碳酸等溶液中易被腐蚀，并且其机械强度较低（见表5-10），用于制造换热器时允许最大流速为1.2m/s，比黄铜及不锈钢都低，故较少采用。

工业纯铜具有优良的加工成型性和可焊性，也可制成薄壁波节管，其薄壁纯铜管的管壁热阻约为$1.58 \times 10^{-6} m^2 ℃/W$比黄铜小。

有些冷凝汽态介质的换热器，其冷凝传热一般为膜状冷凝，其冷凝的传热系数约为$5000W/(m^2 \cdot ℃)$。若采用珠状冷凝，即在金属表面涂有极薄的助聚剂，冷凝过程中在表面坑洼处汇聚大量极小液滴，其数量可达每平方厘米有10^8个液滴，冷凝通过液滴表面直接发生。球状冷凝的冷凝传热系数可达$50000W/(m^2 \cdot ℃)$左右，约为膜状冷凝的 10 倍。形成球状冷凝的金属必须是导热性极好的银、铜、金。纯铜在 100℃时的导热系数可达 379 W/(m^2·℃)，仅次于银，为不锈钢的近 22 倍，价格又比金、银低很多，故在球状冷凝中常被采用。

5.3.1.5 结论

（1）不锈钢及铜材都是制成换热器的良好材质。但铜材要注意氨的侵蚀，奥氏体不锈钢要注意防止氯化物应力腐蚀开裂。

（2）在空气预热器及冷凝器上应用铜质外翅管或螺纹管可取得良好的强化传热效果，应优先采用黄铜。只有在冷凝汽态介质，采用珠状冷凝时才常用纯铜。

（3）集中供热加热用的换热器，除盘管型换热器常用铜管外，板式、波节管及其他管式换热器，特别是汽-水换热器，宜优先使用不锈钢。

5.3.2 不锈钢材的选择

5.3.2.1 不锈钢材选用的出发点

供热系统中换热器及补偿器是采用不锈钢材最多的设备，最常用的是 AISI300 系列的奥氏体不锈钢的 304、316 及 316L 牌号不锈钢。这些牌号的不锈钢对供热系统而言，其强度、抗氧化性、耐温及对环境的适应性、加工成型或可焊性及切削性能等方面的要求都较适应。采用不锈钢材的主要目的是提高设备的耐蚀性，在这方面上述不锈钢材比碳钢有非常悬殊的提高，但正如 5.3.1.3 节中提到的，奥氏体不锈钢材的防止氯化物应力腐蚀开裂，是应用中需要解决的关键问题。不同牌号的不锈钢，其抗应力腐蚀开裂的性能不同，这就成为选用的出发点。

在实际运用中，有不少波纹补偿器、板式换热器及管壳式换热器的事故是由于氯化物应力腐蚀开裂引起的。

【例85】如某热电总公司 1991 年开始使用不锈钢制品供热

设备，1995年开始发生波纹管补偿器和板式换热器的应力腐蚀开裂事故。1997年对该厂54台板式换热器全部解体检查，发现有20台（占37%）发生腐蚀，其统计见表5-12。此后又有3台板式换热器发生腐蚀损坏，累计损坏的换热器23台（折合换热918m^2）。发生破损的波纹管补偿器累计17个。又如第5.2.2节【例82】及第5.2.3第【例83】的补偿器损坏都由于应力腐蚀开裂所致。

板式换热器腐蚀损坏统计　　　　　　　　表5-12

使用采暖期（个）	5	4	3	2	合计
截止1997年腐蚀台数	6	4	9	1	20
损坏率（%）	11.1	7.4	16.7	1.9	—

应力腐蚀开裂是指材料在腐蚀和拉应力同时作用下产生的破裂，这是这种腐蚀与均匀腐蚀、点腐蚀、缝隙腐蚀、晶间腐蚀等多种腐蚀的区别。疲劳腐蚀也是应力与腐蚀介质同时作用下的腐蚀，但它是交变应力，不是拉应力，因此与应力腐蚀开裂也不相同。一般把氢脆和碱裂也列入应力腐蚀开裂。城镇集中供热系统中，不涉及高浓度的硫化物或苛性碱的溶液，氢脆和碱裂都不易产生，而主要是由于水中氯化物（氯离子含量）促成的应力腐蚀开裂称为氯化物应力腐蚀开裂。常说奥氏体不锈钢要注意氯离子腐蚀，确切地说应为防止氯化物应力腐蚀开裂。

拉应力、水中氯离子及溶解氧的含量，以及水的温度是影响氯化物应力腐蚀开裂的四个主要因素。

拉应力是发生腐蚀开裂的必要条件，裂口与拉应力的方向垂直，压应力是与开裂无关的。拉应力可以是残余应力，也可以是外加应力，或是两者兼而有之。但拉应力在换热器及补偿器等设备内是必然存在的，至于如何减少内应力，常在设备的构造、制造及运行中加以改善，如在板式换热器被加工成型时，或在波节管换热器管子加工成型时，或补偿器加工成型时，都要选择没有加工棱角的加工工艺。就是说沟、槽或圆弧的前沿都不能形成尖角，要有弧度。

5.3.2.2 不锈钢应力腐蚀开裂试验及数据

在 5.4 节引言中已提到氯化物应力腐蚀倾向的预测十分困难，试验都采用加速腐蚀的方法。虽然试验数值不能直接用于实际工况，但可以用对比的方式来研究水中氯化物含量，溶解氧含量及温度，对产生氯化物应力腐蚀开裂的影响。

以下就所见到，水质与不锈钢氯化物应力腐蚀开裂相关的几个试验结果加以概述，并指明其值得参考的问题。

（一）沸腾高浓度 $MgCl_2$ 试验的有关结果。

图 5-6 所示为 304 和 316 钢在不同 $MgCl_2$ 浓度及沸点下的开裂曲线图。

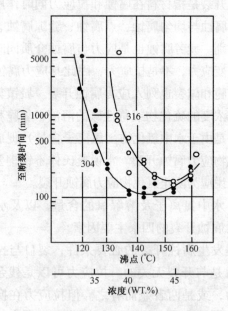

图 5-6　304 和 316 钢在不同 $MgCl_2$ 浓度及沸点下的开裂曲线图

从图可以看出：

（1）随着 $MgCl_2$ 浓度及沸点温度的提高，304 及 316 钢的开裂时间都逐渐缩短。但当提高至一定值后（304 达 42%，154℃；316 达 45%，155℃），浓度及沸点温度再增大，开裂时间反略增长。这也说明虽然 ASTM-G36-73 规定试验浓度标准为 45%，155±1℃，但不少学者试验仍用 42%，154℃ 的理由。

（2）316 钢抗应力腐蚀开裂的能力比 304 钢强，但高浓度下其差别较小，浓度越低差别越大。

（3）304 钢在约 108.5℃ 以下，316 钢约为 131.5℃ 以下，无论 Cl^- 多大基本上不会发生氯化物应力腐蚀开裂。

图 5-7 所示为另一学者进行类似试验的结果。按 100h 不开裂，其相应的 $MgCl_2$ 浓度分别为：304 钢为 25%；316 钢为 36.75%。从图 5-8 查得其对应温度，304 钢约为 106℃；316 钢约为 130℃。

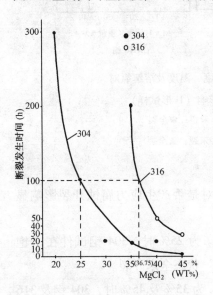

图 5-7 304 和 316 不锈钢应力腐蚀开裂时间与 $MgCl_2$ 浓度关系曲线

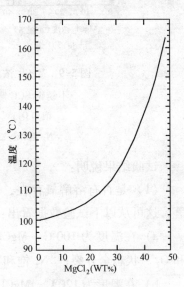

图 5-8 $MgCl_2$ 溶液浓度与沸点的关系（1 大气压力）

图 5-9 所示为 $MgCl_2$ 浓度、温度及溶解氧对 304 及 316 不锈钢 SCC（应力腐蚀开裂的英文 Stress Corrosion Cracking 缩写—以下同）影响的试验结果。试验以水中有"饱和 O_2"和"N_2 饱和"作为有无溶解氧的区分。每个点每种情况都设两个相同的试件，观察其是否开裂或全裂。

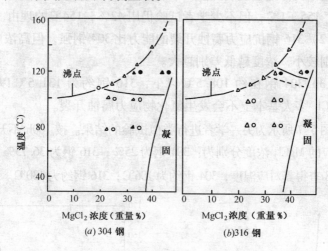

图 5-9　$MgCl_2$ 浓度、温度及溶解氧对
不锈钢 SCC 影响（U 形试样）
饱和 O_2：○未裂；●全裂
N_2 饱和：△未裂；▲全裂

试验结果说明：

（1）是否有溶解氧存在，对是否产生应力腐蚀开裂影响显著，这可从以下试验数据看出：

a）在温度为 100℃、$MgCl_2$ 为 25% 时，304 钢试件在"饱和 O_2"状态全开裂；"N_2 饱和"状态全未开裂。

b）在温度为 120℃，$MgCl_2$ 为 35% 及 45% 时，304 钢及 316 钢的试件都一样："饱和 O_2"状态试件全开裂；"N_2 饱和"状态试件全未开裂。

c）在饱和曲线上 $MgCl_2$ 浓度为 20%、25%、30%、35%、40%及45%布了六个点，每个点的水都是"N_2 饱和"的状况。在此无溶解氧的情况下，不论是304钢还是316钢的试件都未发生开裂。这就说明，没有溶解氧存在时，即使在沸腾状态下也不易发生开裂。

（2）温度越高，越容易产生应力腐蚀开裂。在温度为80℃，$MgCl_2$ 浓度为25%及35%都分布了点，无论是304钢或是316钢，无论是"N_2 饱和"还是"饱和O_2"状况，都未发生开裂。在温度为100℃、$MgCl_2$ 为25%时，304钢试件全开裂。316钢在120℃时才开始出现开裂。

（3）氯化物浓度越高，不锈钢对SCC的敏感性增大。有溶解氧存在时316钢试件，在氯化物浓度为25%时未开裂，在浓度为35%及45%时开裂。

（4）304钢比316钢对应力腐蚀开裂敏感性显著。在温度为100℃、氯化物浓度为25%时，无论是"饱和O_2"或是"N_2 饱和"状况，304钢试件都开裂，而316钢试件未开裂。

（二）高温水试验的有关结果

图5-10至图5-13都是对304不锈钢进行高温水试验的结果，从而可以看出以下的问题：

（1）从图5-10及图5-13可以看出温度和外加应力一定时，开裂时间随着 Cl^- 浓度的变化呈直线关系。

（2）从图5-11可以看出，当 Cl^- 浓度、含氧量等一定时，开裂时间随温度呈曲线关系。

（3）从图5-12可以看出，当 Cl^- 浓度和外力一定时，开裂时间随温度呈U曲线变化，并有转折点和最低极限。

（4）从图5-10可以看出：在 Cl^- 为 50×10^{-6} 以下，萌生裂纹的"孕育期"很长，裂纹较难产生。Cl^- 在 100×10^{-6} 以上时，随着 Cl^- 增加，孕育期渐变较短，裂纹较易发生。

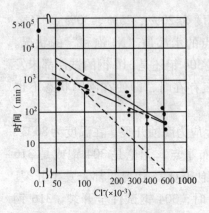

图 5-10 Cl⁻ 与开裂时间的关系（225℃，外力应力 1.75MPa）

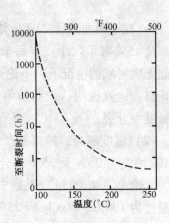

图 5-11 304 钢溶液温度与开裂的关系（含氧 0.1mg/L，在 33% NaCl 中）

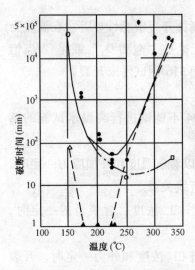

图 5-12 温度对 304 钢萌生裂纹（t_i）、裂纹扩展（t_p）及开裂时间（t_y）的关系（Cl⁻ 为 600ppm；外力 2.5MPa）

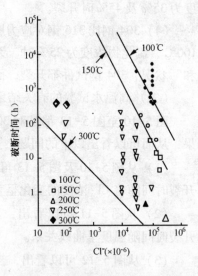

图 5-13 温度及 Cl⁻ 浓度对 304 不锈钢应力腐蚀开裂敏感性的影响

(5) 从图 5-11 可以看出：在除氧后含氧量达 0.1mg/L，NaCl 浓度为 33%（相当于 $Cl^- = 20 \times 10^4 10^{-6}$）的高浓度水中，温度 100℃时，开裂时间长达 10000h；温度为 150℃时开裂时间仅近 7h，差别很大。但从图 5-13 试验结果表明，在 $Cl^- = 1000 \times 10^{-6}$ 以下的水中，温度在 200~300℃并未应出现 SCC；在 150℃，Cl^- 为 500×10^{-6} 时，168h 未发生开裂。图 5-12 的结果表明，当 Cl^- 为 600×10^{-6}，温度为 150℃时，开裂时间竟长达 50000h。

含氧量的影响比较复杂，这是由于含氧量的多少会影响浓差效应；发生电化学电位的变化和金属表面与裂纹尖端贫 O_2 区的电位差变化；大量溶解氧的增加还可能到起 pH 值的下降。因此，含氧量的多少不仅影响开裂情况，还与其他因素有关，例如会部分地消耗于均匀腐蚀。含氧量与氧的分压力成正比，有的试验表明，304 不锈钢在氧的分压力为 0.05MPa 时，168h 不发生开裂；0.01~0.25MPa 时，仅 6~8h 就开裂；在 0.3~0.98MPa 时，均匀腐蚀严重，水色发浑，开裂时间反为 22~27h。也有的试验结果表明 O_2 的作用与 Cl^- 含量有关，如含 Cl^- 100ppm，O_2 分压力 0.05MPa，比 0.98MPa 的寿命长；可是含 Cl^- 500×10^{-6} 时结果却相反。

图 5-14 所示为 pH 为 2、7、12 时，不同温度及氯化物含量，对产生 scc 的试验结果。它说明随着 pH 值的增加，应力腐蚀开裂时间延长，pH = 12 时，Cl^- 达 10000×10^{-6}，才可能产生 scc。pH 值在 6~8 时影响最为显著。

(三) 图 5-15 为丹麦"区域供热手册"提出的试验结果。曲线表明：304 在 94℃以下；316 在 130℃以下都不会产生应力腐蚀开裂。当热网水中氯化物含量 Cl^- 小于 7×10^{-6}，在 340℃以下都不会产生应力腐蚀开裂。

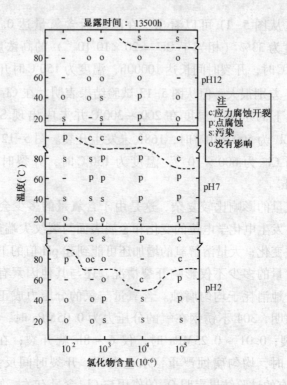

图 5-14 pH 值对 304 不锈钢在 NaCl 浓液中发生
开裂所需氯化物含量和温度的关系

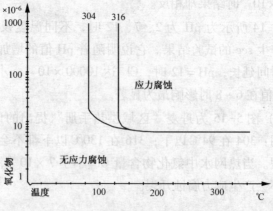

图 5-15 不锈钢 304 及 316 的曲线

从以上这些试验结果，给我们建立以下的概念：

（1）304不锈钢在94℃以下或108℃以下，水中氯化物含量不超过500mg/L，都不会产生应力腐蚀开裂；

（2）316不锈钢在130℃或131.5℃以下，水中氯化物含量不超过500mg/L，都不会产生应力腐蚀开裂；

（3）水中含氯化物在7mg/L以下时可不予考虑氯化物应力腐蚀开裂的问题。含氯化物在50×10^{-6}以下，很不容易发生氯化物应力腐蚀开裂；

（4）水中溶解氧的含量越高，对产生应力腐蚀开裂越不利。除氧水、含氧量在0.1mg/L以下时，发生应力腐蚀开裂的可能性显著地减少。

5.3.2.3 换热器和补偿器选用不锈钢材的意见

根据前述换热器及补偿器事故的实例和上述试验结果的概念，提出供热系统换热器和补偿器上选用不锈钢材的意见如下：

（1）水处理条件很好，热网补水经脱盐、除氧（含氧量≤0.1mg/L）时，不论水温高低，都可采用304不锈钢。

（2）水都经软化，一次网水除氧，并生水$Cl^- \leqslant 50mg/L$，水温≤130℃可采用304不锈钢；水温>130℃采用316不锈钢。

（3）水处理条件较差时：直供水（95℃以下）采用304不锈钢；100~130℃采用316不锈钢；水温高于130℃时，采用316L抗氯化物应力腐蚀开裂性能更优于316不锈钢的钢材。

（4）蒸汽锅炉按水质标准规定，蒸发量≥6t/h的都要除氧。低压蒸汽一般不溶解盐类。若汽源为过热蒸汽，基本不含氯化物。若汽源为饱和蒸汽，其氯化物的杂质携带主要取决于锅水质量及蒸汽湿度。锅炉汽水分离装置完好，锅炉运行正常，不产生汽水共腾或严重满水等事故，锅炉不是严重超负荷的前提下，蒸汽的湿度不应高于3%或5%，饱和蒸汽中携带的氯化物也不应太多。因此，锅炉汽水分离装置良好，锅炉运行正常的情况下，汽侧可不考虑氯化物应力腐蚀开裂的问题。

（5）316L 为低碳不锈钢，它与 316 在成分上不同之处仅在含碳量 316L 为 0.03%，而 316 为 0.08%，其余成分完全相同。碳对晶间腐蚀是不利的元素，含碳越多越易析出碳化铬，使金属的晶界上形成含铬少的"贫铬区"，而使晶界处薄弱，易于产生晶间腐蚀。

对焊接的不锈钢管，为减少晶间腐蚀，应采用低碳的 316L 钢。316 钢材的开裂一般都是穿晶开裂，很少发生晶间腐蚀，现均采用薄壁无缝钢管，因此采用无缝管或不锈钢构件不采用焊接工艺时，虽然用 316L 其耐腐蚀性能略优于 316，但差异不大，故为降低成本，采用 316 无较大差异。我国市场上几乎见不到 316 的钢管，供应的都为 316L，因此，大多采用 316L 钢管。

5.3.2.4　AISI 300 系列不锈钢的改型及有关选材问题

AISI 300 系列奥氏体不锈钢是以"304（18/8）"为典型的定型成分，即含 Cr18%，含 Ni8%。为了更好地满足提高耐蚀性，提高强度，提高抗氧化性能和切削、加工性能等方面的特殊要求，在 304 的基础上，增加或调节某些成分进行改型，产生一系列不同牌号的不锈钢产品。

以提高耐蚀性为目的的改型采用加钼（Mo）和降低含碳量，如图 5-16。

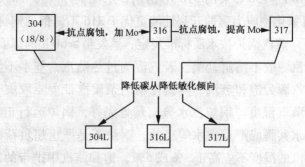

图 5-16　AISI300 系列不锈钢改型

共有 304、304L、316、316L、317、317L、321 七种牌号钢材，其成分（按 ASTM 标准）列于表 5-13。

300 系列七种牌号不锈钢的成分　　　　表 5-13

AISI 牌号	成分（%）			
	Cr	Ni	C	Mn
304	18~20	8~10.5	0.08	2.0
304L	18~20	8~12	0.03	2.0
316	16~18	10~14	0.08	2.0
316L	16~18	10~14	0.03	2.0
317	18~20	11~15	0.08	2.0
317L	18~20	11~15	0.03	2.0
321	17~19	9~12	0.08	2.0

AISI 牌号	成分（%）				
	Si	P	S	Mo	Ti
304	1.0	0.045	0.03	—	—
304L	1.0	0.045	0.03	—	—
316	1.0	0.045	0.03	2~3	—
316L	1.0	0.045	0.03	2~3	—
317	1.0	0.045	0.03	3~4	—
317L	1.0	0.045	0.03	3~4	—
321	1.0	0.045	0.03	—	≥0.4*

* 规定 321 含钛量为含碳量的 5 倍。

加钼形成的 316 钢有利于减轻穿晶腐蚀，而降低碳含量形成的 304L 钢，主要起减轻晶间腐蚀的作用，而且降低碳含量的工艺比加钼的工艺复杂，故一般采用 316 不锈钢而不采用 304L 不锈钢。

317 及 317L 虽然耐蚀性略优于 316 及 316L，但差别不大，而 317 及 317L 要增加钼、铬和镍的含量，成本的提高较多，因此，317及317L基本上不采用。

【例86】有一家换热器制造厂家采用"镍钛改性不锈钢"，产品说明书中仅说明加钛以提高其耐蚀性，未说明牌号及成分，300系列奥氏体钢的改型中采用加钛的主要有两种：（1）由304加Cu、Ti、Al降低Ni成为"沉淀硬化不锈钢"，其目的是提高硬度，明确会使耐蚀性降低；（2）由304加Ti降低敏化倾向，成为321不锈钢，其目的是适宜用作高温下使用的焊接构件，其成分见表5-13。加钛后有可能使耐蚀性略有提高，但321的耐蚀性很可能要低于316L，这是由于316L加了钼，而321并未加钼；316L是低碳不锈钢，钢中含碳量可保证比316降低62.5%，必然使晶体边缘生成碳化铬的量降低，因此，减少贫铬区而提高耐蚀性也得到保证（参阅5.3.3.3节）。而321是加钛后，钛先与碳形成碳化钛（TiC）而使含碳量降低。为了能形成碳化钛，虽然加入钛的量为含碳量的5倍，也难以明确含碳量降低的数量。而且大量钛的加入，必然增加成本。因此，"镍钛改性不锈钢"是否适用于供热的换热器很值得探讨：首先应了解其改型的目的与途径；再了解其改型后的牌号、成分及性能；然后从技术上和经济上进行分析。

5.3.3 316L不锈钢镍含量在国标与ASTM标准中的差异

在第5.2.3节中【例83】波节管补偿器损失的事例中，是材质还是水质问题的争议中，提到要求制造厂家回答下述两个问题：

（1）镍含量为11%，不致影响其耐蚀性能的依据。

（2）国标与ASTM标准对316L镍含量规定不一致，但对316却完全一致，原因何在？

现将制造厂家对此问题的见解介绍于下：

5.3.3.1 316与316L的区别在含碳量

在第5.2.3节中已述及：国标（GB/T 1220—92）与 ASTM 规定的牌号不同；其两者成分除316L在镍含量，和316与316L在磷含量上有区别外，其余成分都相同，详见表5-14。

国标与 ASTM 标准不锈钢化学成分的规定（%）　　表5-14

标　准	牌　号	C	Si	Mn	P
GB/T—1220	00Cr17Ni14Mo2	≤0.03	≤1.00	≤2.00	≤0.035
ASTM	316L	≤0.03	≤1.00	≤2.00	≤0.045
GB/T—1220	0Cr17Ni12Mo2	≤0.08	≤1.00	≤2.00	≤0.035
ASTM	316	≤0.08	≤1.00	≤2.00	≤0.045

标　准	牌　号	S	Ni	Cr	Mo
GB/T—1220	00Cr17Ni14Mo2	≤0.03	12~15	16~18	2~3
ASTM	316L	≤0.03	10~14	16~18	2~3
GB/T—1220	0Cr17Ni12Mo2	≤0.03	10~14	16~18	2~3
ASTM	316	≤0.03	10~14	16~18	2~3

从表可以看出，316L 及 316 这两种牌号不锈钢在碳含量的规定，国标（GB/T 1220—92）与 ASTM 标准是一致的。316 和 316L 两者成分上的差别在含碳量，而不是在镍含量上。第5.2.3节中使用单位指出"所用的钢材不是316L而是316不锈钢"是不对的。

5.3.3.2　含镍量为11%不致影响耐蚀性

在第5.3.2.4节中已对 AISI300 系列不锈钢的定型及改型都加以阐述，它是以"304（18/8）"为典型的定型成分，即含 Cr 18%；含 Ni 8%，就具备300系列奥氏体不锈钢的基本性能。

钢铁中 Cr 含量的增加都对抗点腐蚀和抗晶间腐蚀有利。而 Ni 含量增加对奥氏体不锈钢而言，在抗点腐蚀和抗晶间腐蚀方面也都是有利的。Ni 对抗氯化物应力腐蚀开裂的能力也是肯定的。试验研究认为 Cr 在 12%～25%，Ni 在 10%～25% 时为最佳值。ASTM 标准或国标（GB/T 1220—92）规定的含 Ni 量标准都在最佳值范围内，而 Ni = 11% 也在最佳范围内，因此可以断定不致对耐蚀性有显著影响。

5.3.3.3 国标将 316L 含镍量提高的原因

不锈钢中碳含量越高，对耐蚀性越不利。因为碳可与铬化合形成碳化铬在晶界沉淀，造成"贫铬区"，使抗晶间腐蚀或抗氯化物应力腐蚀开裂的能力都降低。因此在奥氏体不锈钢系列中增加了低碳不锈钢 304L、316L、317L 等系列。

关于低碳不锈铁，含碳量降至多少有利，这个问题早在 1955 年美国学者 J. J. heger 和 J. L. Hamilton（见 Corrosion, Vol. 11, P. 22, 1995）就对 304 不锈钢进行过试验研究，认为低碳奥氏体不锈钢的含碳量定为 ≤0.03% 最为有利，这个规定至今仍沿用。

316L 要求将碳含量降到 ≤0.03%。钢中的铬是增加碳在奥氏体中的溶解度；而镍是降低碳在奥氏体中的溶解度，因此，成分的调整必须使 Cr、Ni、C 这三种元素含量之间取得平衡。图 5-17 即为［美］Straass 试验取得的不锈钢铬、镍、碳三元素含量平衡图（V. Cihel. Prot: – Met. Vol. 4 No. 6 p. 565, 1968），它是在经 650℃ 敏化 1h，不呈现晶间腐蚀的三元素含量平衡图。图的纵坐标是 Cr 含量，横坐标是 Ni 的含量，C 含量的坐标是一组斜线。当 Cr 及 Ni 含量都为一定数值时，就可以得到一个对应的 C 含量值。这个值是理论上可以达到的值，实际上由于生产工艺条件的限制，很难达到这个值。或者说要求 C 含量达 0.030% 时，若由平衡图得到的值（都小于 0.03%）与 0.030% 差值越小，则要求生产工艺条件越高，越难以制造。

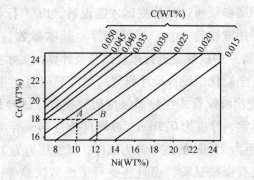

图5-17 不锈钢铬、镍、碳三元素含量平衡图

为使 C 含量达到 0.030%，按 ASTM 标准，316L 钢的最不利工况是 Cr = 18%，Ni = 10%，此时三项平衡的 C 含量为图5-14中 A 点，约为 C = 0.026%，$\Delta C = 0.030\% - 0.026\% = 0.004\%$。

若按 GB—1220 标准，Cr 含量不变，仍为 16% ~ 18%，而 Ni 含量由 10% ~ 14%，提高到 12% ~ 15%，则 316L 钢的最不利工况是 Cr = 18% 而 Ni = 12%，此时三项平衡的 C 含量为图5-14中 B 点，约为 C = 0.022%，$\Delta C = 0.030\% - 0.022\% = 0.008\%$。

从上述可以看出国标提高镍的含量，是为降低钢中含碳量的工艺创造较好的条件，并不是为了提高钢的耐蚀性。304 及 316 不锈钢，由于规定的碳含量较高（≤0.08 或≤0.07），不存在降低钢中含碳量的问题，故没有必要增加镍的含量。

5.3.4 薄壁不锈钢的强度问题

管壳式波节管换热器，常见的都是以薄壁（0.5 ~ 0.8mm）奥氏体不锈钢 304 或 316L 钢制成的波节管。这类换热器有在制造或安装过程中受到机械损伤，或在运行过程受到严重冲击与磨蚀而损坏的事例。在分析事故时，这些损坏常被怀疑是由于壁厚太薄，不能承受压力而引起的损坏。因此，有的使用单位【例87】提出薄壁不锈钢管是否能承受 1.8MPa 压力的问题。

强度问题必须通过试验测试才能说明。JB/T 行业标准《管壳式换热器用波纹管（注：即波节管）基本参数与技术条件》（征求意见稿）中仅规定进行爆破试验及计算，实际上早在1994年沈阳化工学院化工设备设计研究所就立题研究，并于1994年7月10日提出波纹管式换热器强度研究报告。试验是采用材质为304不锈钢，厚度为0.5mm，波峰直径为44mm，波谷直径为33mm，波距为25mm的波节管为试样，试验压力为2.5MPa。研究内容不仅有爆破试验，而且还进行了疲劳试验等，其主要结论为：

（1）在内压 $P=2.5$ MPa 下其实测应力（最大值）小于材料的许用应力，若采用应力分析设计准则，则最大应力（波谷）远小于应力许用值 $1.5\ [\sigma]$。

径向应力在波谷处最小为负值（即压应力）；在波峰处最大为正值（即拉应力）。周向应力都为正值（即拉应力）在波谷处为最大。

经疲劳试验的波纹管和未经疲劳试验的波纹管，其应力分布情况无明显差异。

（2）疲劳试验前后几何尺寸基本没有变化，外观无任何几何变形，无裂纹产生。

试验结果表明在疲劳载荷作用下，波节管使用十年而不会发生疲劳破坏，且有20倍以上的安全系数。

（3）爆破试验表明，波节管的爆破压力高于光管的理论计算爆破压力，断口均为塑性破坏特征。即波纹管有一定的塑性储备。

经疲劳试验后的管与未经疲劳试验的管相比，其爆破压力无明显差别。

试验是用壁厚为 0.5mm，$\phi=33$mm 的管子，在 2.5MPa 压力下进行的。目前一般都采用 0.7mm 或 0.8mm，$\phi=25$mm 或

19mm 的管子来制造波节管，其强度应能承担。

工业纯铜也可以薄壁管制成波节管，虽然其强度比奥氏体不锈钢略低，但从不锈钢管试验结果的推论，应该也能承受。没有见到工业纯铜薄壁管的强度试验报告，具体是否会有其他问题，不能确定。

5.4 供热系统的水质

5.4.1 供热管网的竣工清洗

《城市供热管网工程施工及验收规范》（CJJ 28—2004）及《城镇供热系统安全运行技术规程》（CJJ/T 88—2000）中都明确规定新建、改建热水热力网运行前应冲洗，并规定水力冲洗管内的平均流速不应低于1m/s。但是很多新建热网竣工后不进行冲洗就投入运行，或虽经冲洗但流速过低而冲洗不净。

【例88】某市某新建小区有两个换热站，所有换热器都是从北欧国家进口的板式换热器。由于管网竣工后未按规定进行冲洗，试运行时，所有的换热器全部堵塞，不得不返工重新拆装。

【例89】某供热站的新建锅炉及热网，在热网上装有流量计，但仪表上无读数。仪表供应厂家派人检查，打开引压管发现几乎完全堵塞，排出大量泥渣水，约20min才排净。

第1.2.3节【例11】所述，某居民小区的锅炉房新装一台SZL 5.6—0.7—95℃/70℃热水锅炉，运行10天后就堵管、爆管。爆管的管内堵塞很多泥沙、石子及施工残留物。检查事故发生的原因是锅炉竣工时正在采暖期中最冷的时期，为了急于供暖，锅炉及管网均未进行冲洗。第4.3.4节【例65】所述的供热公司首站的 ϕ500 波节管换热器损坏解体后，也在换热器中发现有铅丝、砂石及施工残留物。第4.2.2节【例58】电厂向市区供热的首站等也发现类似情况。

关于水冲洗管内的平均流速问题,有的单位从冲洗的实践提出,规范规定平均流速不低于1m/s定的偏低。从他们的实践,认为水力清洗流速的选用,与管内被冲洗杂物的密度和直径大小、杂物在管内的流动状态有关。密度越大、固体直径越大,所需流速也越大。必须使水流速达到杂质能呈悬浮状态随水流动才能被冲去,管内流速为1~1.5m/s时,只能冲出泥沙、直径较小的碎砖、石子及密度小于水的轻质固体物,如保温结构物、木柴之类。而直径较大的碎石和钢质金属类重度较大地的固体物质,则需1.6~3m/s。有些施工单位常选用流速为1.1~1.5m/s进行清洗。

管道竣工后用蒸汽吹扫,一般比较注意。但也发生过直埋式预制蒸汽保温管吹扫时的事故。

【例90】吹扫时发生芯管蒸汽泄漏保温层进水,使外护管温度超过设计的温度(50℃,最高≥65℃),竟达80~100℃,而造成严重泄漏。

5.4.2 供热系统的水质问题

供热系统无论热源与热网,很多事故都是由于水质不良而造成的。例如因结垢、腐蚀而造成锅炉水冷壁的爆管、换热器的损坏、管道和补偿器的泄漏与锈死;锅炉由于苛性脆化而爆炸;锅炉的发沫与汽水共腾等事故都与水质有直接关系。很多由水质而引起的事故在以上各章已加以叙述。

为避免由于水质不良而发生事故,对水质应制定标准并加以处理和控制。锅炉是压力容器,对锅炉水质的处理比较重视。水质标准有国标,低压锅炉给水必须软化、除氧;中压锅炉一般都用于小型热电站,给水必须脱盐、除氧,规定都比较明确,处理方法也较成熟。但是，运行操作不当也会发生事故，如第三章3.1；3.2；3.3节所述。这方面常易发生事故，加以注意的是：

（1）热水锅炉的除氧；

（2）中压锅炉水质标准过去由国家电力部门归口管理，自从电力系统不允许小型发电厂发电后，电力系统已不采用中压锅炉，水质标准修订时已基本不包括中压锅炉的水质标准。供热系统采用热电联产，建立用中压锅炉的小型热电站日益增多。但中压锅炉的给水需脱盐，脱盐工艺特别是近期提出的膜分离脱盐技术（如反渗透等），供热系统的工人及技术人员较为生疏。

热网水的水质处理是当前供热系统的薄弱环节，特别是直供至用户的二次网。一次网与热源相连，其回水水质应按热源要求，比较明确和控制严格。但对二次网水质管理的意识却十分薄弱，较多单位根本不作任何处理。更严重的是有的单位技术负责人认为"宁可对换热器进行修理甚至更换，热网水也不设水处理设备"。

由于热网水质不良造成管道、换热器、散热器内结垢、腐蚀现象非常普遍。不仅影响设备的寿命，而且有些先进的设备及仪表，由于水质不符合要求而不能采用，因此对热网水的水质加强管理的意识必须加强。

除了北京市地方标准《供热采暖系统水质及防腐技术规范》涉及95℃以下的供热采暖系统水处理的规程外，尚无国家统一的标准。没有水质要求的标准，如何处理与监控也就无所依据。因此，制定强制性的热网水质标准是当务之急。

虽然热网水质在硬度等某些项目上比锅炉水质要求低，但它也有其特殊问题，存在较多的难点，甚至比制定锅炉水质标准难度更大。这些特点主要是：

（1）锅炉设备水、汽接触的基本都是钢材，比较单纯。但

热网水要流过不锈钢、铜、铝等各种不同材质的设备。要使水质能适合这些材质,就提出些新的要求:

a) 对不锈钢材防止氯化物应力腐蚀,要提出给水氯化物含量的标准。

从5.3.2.2节罗列的一些试验及数据,以及一些其他试验的数据来看,可以归纳为试验采用水的氯化物含量为25、50、100、150、300、600mg/L。但这些试验都是在一定条件下进行的"加速腐蚀试验",而且不锈钢的种类也不同,其试验数值不能直接采用作为确定水质标准的依据。

丹麦区域供热协会(DBDH)认为Cl^-≤7mg/L;或Cl^-高于7mg/L,并且用304不锈钢温度不超过94℃,用316不锈钢温度不超过108℃时,都不会发生氯化物应力腐蚀开裂。可是该协会制定的水质推荐指标定为:采用脱盐水时,氯化物含量补给水为<0.1mg/L、循环水为<3mg/L。采用软化水时,补给水及循环水都规定为<300mg/L。丹麦哥本哈根CTR公司的水质(脱盐水)标准则规定Cl^-<5mg/L。

ISOTR 10217国际标准化组织的技术报告规定:闭式系统,不论水中是否加缓蚀剂Cl^-都为<50mg/L;开式系统,可饮用水和使用缓蚀剂Cl^-都为<50mg/L;未处理水为<150mg/L。

我国《城市热力网设计规范》(CJJ 34—2002)第4.3.5条规定:"当供热系统有不锈钢设备时,应考虑Cl^-腐蚀问题,供热介质中Cl^-含量不宜高于25ppm,或不锈钢设备采用防腐措施"。

《供热采暖系统水质及防腐技术规程》(DBJ 01—619—2004)规定:补水及循环水氯根含量均相同:钢制设备,≤300mg/L;AISI 304不锈钢,<10mg/L;AISI 316不锈钢,≤100mg/L。

水质标准中氯化物含量如何规定,是一个难度较大的问题。

b) 钢铁、铜、铝同时存在时pH如何确定?

pH 值是金属腐蚀很重要的影响因素，它对金属腐蚀的影响，随着金属材料的种类不同，其规律也不相同。图 5-18 及图 5-19 分别为 pH 值对钢铁、铝及铜腐蚀的影响曲线。从图 5-18 之Ⅲ（钢铁的腐蚀曲线）可以看出，pH = 9~10 对钢铁较为有利，而同时对铜（参阅图 5-19）也较有利。但铝为两种性质的金属（见图 5-18 Ⅱ曲线），在酸性越强，或碱性越强的水中，其腐蚀速度都越大，pH 值应小于 8，pH 值超过 8.7 时，铝腐蚀的危害剧增。钢、铜、铝同时存在时 pH 值如何确定，较为困难。

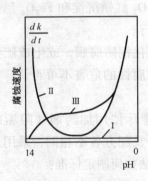

图 5-18　pH 值对金属
腐蚀速度的影响

Ⅰ—贵金属；Ⅱ—两种性质金属铝；

Ⅲ—钢铁

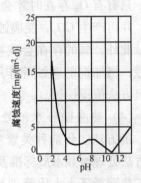

图 5-19　pH 值与铜
腐蚀速度的关系

c）很可能水中溶有铜与铁离子，或铜、铁沉淀，是否会产生电解腐蚀或沉积物下腐蚀，要不要规定铜、铁含量标准？

（2）循环水由用户返回，常带有污泥或细菌。特别是在散热器底部更易使细菌繁殖。要不要对污泥及细菌定出标准。如果定这些指标的标准，水质如何处理？如何检测、监督？

（3）热网水流量大，水处理设备也较庞大，因而投资较大，而且还要配备人员运行监测，若强制执行是否都能承受。特

别是:

a) 补水是软化、还是脱盐? 采用软化处理不能满足氯化物含量的要求; 若采用脱盐投资及运行费用都太高。

b) 采用什么方法除氧? 在除氧问题上有争议。有人主张不需除氧, 认为腐蚀不是以氧为主, 而是以 CO_2 为主。

溶解氧是很活泼的气体, 它能与金属直接化合生成化学腐蚀, 而且是强烈的阴极去极化剂, 又能作为阳极去极化剂会引起电化学腐蚀, 因此是引起腐蚀最重要的因素。正如第 5.1.5 节所述, CO_2 与铁化合生成溶于水中的 $Fe(HCO_3)_2$ 将随水流去, 只有有 O_2 存在时才会形成 Fe_2O_3 红锈沉淀和 Fe_3O_4 黑锈沉淀, 并再产生 CO_2, 使腐蚀连续进行。

此外, 氧的存在会破坏黑色氧化铜防腐膜, 或生成硫化物腐蚀, 增加铜的腐蚀等作用。氧对腐蚀的危害不可否认, 至于除氧方法值得探讨。

(4) 热网循环水的处理, 不排斥使用加药剂(阻垢缓蚀剂)的方法。药剂种类繁多, 成分及配方各不相同, 采用加药剂方法处理时其水质标准及监测方法如何制定标准?

热网循环水水质管理是我国城镇供热与先进国家存在的一个差距, 首先要加强这方面的意识, 制定水质标准及建立管理与监控制度。

案 例 索 引

案例序号	事 故 内 容	页码
【例1】	水冷壁管因结垢和腐蚀造成爆管	1
【例2】	K_4 改成的 6.5t/h 煤粉炉顶棚管腐蚀穿孔	2
【例3】	35t/h 链条反转炉排、中压水冷壁锅炉，水处理管理不良，造成大面积炉膛水冷壁爆裂	6
【例4】	电厂 220t/h 高压锅炉，曾降为中压炉供热，石灰—钠离子交换水处理。按高压运行发电后，改为离子交换除盐。水质管理不良，水冷壁多处氢脆而爆管	10
【例5】	余热锅炉加外砌炉膛改成的 6.5t/h 燃油蒸汽锅炉。改装时锅炉水循环设计不当造成多次爆管	22
【例6】	小型热电厂煤粉锅炉，炉膛水冷壁角隅管受热不良而爆管	29
【例7】	35t/h 燃用煤粉蒸汽锅炉，水冷壁管结焦，水循环不良而爆管	30
【例8】	倾斜往复炉排后端水冷壁管水循环不良而爆管	30
【例9】	20t/h 链条炉排蒸汽锅炉，后拱倾角过小，后拱水冷壁外隔热层脱落而爆管	31

205

续表

案例序号	事故内容	页码
【例 10】	水冷壁与上锅筒连接管水平倾角过小造成连接管爆破	32
【例 11】	低温直供热水锅炉采用自然循环运动压头不足造成水循环事故	32
【例 12】	间供热水锅炉用于直供系统,热网回水直接进入锅炉造成爆管	35
【例 13】	20t/h 蒸汽锅炉汽水分离不良引起过热器堵管爆破	40
【例 14】	热电厂中压锅炉蒸汽杂质携带引起过热器堵管爆破	41
【例 15】	吹灰管安装位置不当引起的冲刷磨损	45
【例 16】	锅炉苛脆化爆炸事故	45
【例 17】	因锅炉严重缺水且高低限水位报警器失灵险些引起的锅炉爆炸	48
【例 18】	QXL900-13-95/70-AⅡ热水锅炉由于水流阻力和空气预热器堵灰、漏风影响出力、效率	50
【例 19】	QXL900-13-95/70-AⅡ热水锅炉由于炉膛温度低和风量不足影响出力、效率	53
【例 20】	20t/h 蒸汽锅炉由于锅炉受热面不足而出力、效率低,但盲目采用分层燃烧烧毁炉排片	65
【例 21】	DZL29-1.25-120/65-AⅡ热水锅炉无空气预热器,采用分层燃烧灰渣含碳量增高	66

续表

案例序号	事故内容	页码
【例22】	10t/h 链条锅炉，加装分层燃烧装置，侧墙水冷壁下联箱死水区受热发生裂纹	69
【例23】	西宁地区采用 SHL—10/115 锅炉，送、引风机风量、风压及功率的修正	72
【例24】	SHF-20-13 煤粉炉严重结焦	73
【例25】	早期生产 35t/h 循环流化床锅炉的严重磨损	75
【例26】	75t/h 燃用煤粉的蒸汽锅炉，碱液漏入除盐水中，引起汽水共腾	77
【例27】	д-20 供热锅炉汽水共腾事故	81
【例28】	炉水碱度和含盐量与炉水发沫关系的试验研究	81
【例29】	20t/h 蒸汽锅炉并炉时发生的汽水共腾	86
【例30】	AZD20-13-A 锅炉，烟尘严重超标，并使出力、效率都下降	87
【例31】	220t/h 水煤浆锅炉采用炉内脱硫失败事例	94
【例32】	230t/h 水煤浆锅炉采用炉内脱硫成功事例	96
【例33】	钠离子交换软化过滤速度不当，出水硬度不能达标	97
【例34】	全自动钠离子交换器再生盐液浓度不合格，出水硬度不能达标	98
【例35】	钠离子交换器内壁涂料配方	100
【例36】	钠离子交换器内壁涂料配方	101
【例37】	钠离子交换器内壁涂料配方	101

续表

案例序号	事故内容	页码
【例38】	锅内加药锅炉入口结垢的消除	102
【例39】	反渗透膜结碳酸盐垢的故障	103
【例40】	反渗透膜组件排列组合不当的事故	109
【例41】	反渗透精处理系统选择的争议	111
【例42】	加亚硫酸钠除氧方式不当而效果不佳	114
【例43】	加装热力除氧器导致铸铁省煤器爆管	115
【例44】	射流真空除氧低位设置水泵汽蚀问题	116
【例45】	10t/h 蒸汽锅炉采用低位真空除氧的改进	118
【例46】	还原铁粉过滤除氧冲洗强度不足等使出水含氧不能达标	119
【例47】	碎煤机选择不当造成供煤量不足	120
【例48】	设计不当造成水力除渣故障	122
【例49】	水力除灰引起的管道腐蚀	124
【例50】	水力除灰渣水池过小,造成灰渣沉淀和过滤效果很差	125
【例51】	一个供热系统两个膨胀水箱并存,系统串汽	126
【例52】	二次网恒定压点压力过低产生倒空现象	127
【例53】	多点补水、循环泵和加压泵压力波动,难以控制	127
【例54】	供热方式不合理引起的故障,及锅炉煤耗高问题	128

续表

案例序号	事故内容	页码
【例 55】	管网漏水及降低一次网供水温度引起的供热量不足	131
【例 56】	增加换热器供热面积,而节流运行的不经济性	133
【例 57】	循环水泵超负荷运行的故障	133
【例 58】	循环泵出口蝶阀位置安装不当,流量不稳定	134
【例 59】	首站换热站调节蒸汽流量发生噪声	135
【例 60】	板式换热器由于水中悬浮杂质而堵塞	137
【例 61】	板式换热器,热网用加药处理,造成换热器堵塞	137
【例 62】	管壳式换热器的流体诱发振动破坏	138
【例 63】	波节管换热器的流体诱发振动破坏及其防止	141
【例 64】	波节管换热器防止流体诱发振动破坏的措施	142
【例 65】	首站换热器的磨损及腐蚀	143
【例 66】	换热器二次网出水温度过低	145
【例 67】	散热器单位散热面积的散热量不同而造成散热量不足	147
【例 68】	某供热中心多个供热站流量计直线管段不够	150
【例 69】	预留流量计需直管段长度不够	150

续表

案例序号	事 故 内 容	页码
【例70】	热水锅炉出水管上直线管段太短而难装流量计	152
【例71】	压差式流量计引压管受热，管内蒸汽不凝结	152
【例72】	压差式流量计引压管受热，工作不正常	152
【例73】	我国与北欧热量表热量计算基础的差别	153
【例74】	管道系统泄露	155
【例75】	管道堵塞引起热水锅炉汽化	156
【例76】	塑套钢直埋管外护管向外冒汽	157
【例77】	钢套钢直埋管外部腐蚀	158
【例78】	$\phi 800$ 钢套钢直埋管采用牺牲阳极的阴极保护	158
【例79】	蒸汽管网凝结回水管腐蚀	161
【例80】	蒸汽管网凝结水含铁量超标	162
【例81】	套筒补偿器泄漏及锈死	163
【例82】	波纹管补偿器的应力腐蚀开裂	165
【例83】	波纹管补偿器损坏由于水质还是材质的争议	172
【例84】	波纹管补偿器应变时效损坏	173
【例85】	某热电总公司波纹管补偿器及板式换热器损坏的统计	182
【例86】	采用"镍钛改性不锈钢"换热器是否适用于供热系统的探讨	194

续表

案例序号	事　故　内　容	页码
【例87】	薄壁不锈钢换热器的强度问题	197
【例88】	竣工未按要求冲洗，而堵塞板式换热器	199
【例89】	流量计引压管被泥渣堵塞	199
【例90】	蒸汽管道竣工吹扫芯管泄漏保温层超温造成泄漏	200

主要参考文献

1. 奚士光,吴味隆,蒋君衍编著. 锅炉及锅炉房设备. 北京:中国建筑工业出版社,1995
2. 张永照,陈听宽,黄祥新等编著. 工业锅炉(第二版). 北京:机械工业出版社,1993
3. 谢应闲编写. 锅炉运行与管理. 北京:劳动部锅炉压力容器安全杂志社,1989
4. 李之光,王铣广等合编. 锅炉安全基础. 哈尔滨:哈尔滨工业大学,1980
5. 觧鲁生编著. 供热锅炉节能与脱硫技术. 北京:中国建筑工业出版社,2004
6. 觧鲁生编著. 锅炉水处理原理与实践. 北京:中国建筑工业出版社,1997
7. 2001年水煤浆技术研讨会论文集:水煤浆技术研究与应用,2001
8. 贺平,孙刚编著. 供热工程(第三版). 北京:中国建筑工业出版社,1993
9. 石兆玉编著. 供热系统运行调节与控制. 北京:清华大学出版社,1994
10. [丹麦]皮特·兰德劳夫著,贺平、王钢译. 区域供热手册. 哈尔滨:哈尔滨工程大学出版社,1998
11. 程林著. 换热器内流体诱发振动. 北京:科学出版社,1995
12. 朱聘冠. 换热器原理及计算. 北京:清华大学出版社,1987
13. 兰州石油机械研究所主编. 换热器实用技术问题
14. 覃耘,张士科等编译. 换热器实用技术问题. 北京:煤炭工业出版社,1991
15. 米琪,李庆林编著. 管道防腐蚀手册. 北京:中国建筑工业出版社,1994

16. [美] A·约翰·塞得顿克斯著，吴剑锋，罗永赞译．不锈钢的腐蚀．北京：机械工业出版社，1986
17. 张德康编著．不锈钢局部腐蚀．北京：科学出版社，1982
18. 左景伊著．应力腐蚀破裂．西安：西安交通大学出版社，1985
19. 中华人民共和国石油工业部标准：《镁合金牺牲阳极应用技术标准》SYJ 19—86（试行）
20. 郎逵．波节管换热器设计．《节能》杂志 1995 年 6 期
21. 曹怀祥，杜宏等．波纹管换热管破坏原因分析及改进措施．《区域供热》杂志 2000 年第 4 期
22. 北京市热力公司科研室、北京科技大学腐蚀与防护中心．1997 年科研报告：热力系统用不锈钢设备腐蚀泄漏失效分析及防护对策研究
23. 沈阳化工学院化工设备设计所．1994 年测试及研究报告：波节管式换热器强度研究报告
24. 石原只雄等．1987 年研究报告：金属材料技术研究所研究报告，38（1978）207